非ユークリッド幾何の世界　新装版

幾何学の原点をさぐる

寺阪英孝　著

ブルーバックス

●カバー装幀／芦澤泰偉・児崎雅淑
●カバーイラスト／山本佳世
●章扉デザイン／福田繁雄

初版当時（1977年）のカバー装幀

●初版カバーイラスト／福田繁雄

はじめに

直線外の一点を通ってこれと平行な直線は、ただ一本しか引けない、というのが昔からある普通の幾何、ユークリッド幾何である。ところがこの幾何のほかに、平行線が一本だけではなく、二本引けるのだ、という不思議な非ユークリッド幾何というものも存在することが、十九世紀の中頃に発見されて、センセーションをまき起こした。こんな不合理なことが数学ともあろうものに起こっていいものだろうか、と。

というわけで、アインシュタインの一般相対性理論のおかげで一躍ポピュラーになったこの非ユークリッド幾何は、今日でもその不思議さは一向になくなっていない。それもそのはず、不思議なことや変なことだったら、ユークリッド幾何にだっていくらもあるからで、これが幾何の魅力の一つでもある。

さて本書の内容を少し述べると、第1部では師弟関係にあると覚しき老生、A君の二人が、平行線とはいったいどんなものだろうか、いったいどう見えるものだろうかという、ごく初歩的なことを、ナイーヴに、ごく直観的に考えていく。すると結局、直線外の一点を通ってこれと平行な直線がただ一本引ける、というユークリッド的な考え方も、二本引けるという非ユークリッド的な考え方も、どちらが自然で、どちらが不自然である、ということはなかなかいえないのじゃないか、という結論に達する。つまり不思議は不思議として、非ユークリッド幾何も存在し得る、というのが第1部の論旨である。

第2部は非ユークリッド幾何を発見した人々が、その発見のために如何に苦しんだか、悩まされたかという、大発見にまつわる苦悩の歴史である。未知の部分がまだ残されたままであるが、この歴史を知らないで非ユークリッド幾何を語ることはできないであろう。

第3部はこれまでとはまったく趣を変えて、非ユークリッド幾何を実際に作ってみせる話である。これには初等幾何を応用してみた。余り知られていない方法を使ったところもあるので、興味をもたれる方もある一方、ふだん馴れていない人には読み通すのがちょっとしんどいかもしれない。ただ図だけは十分に入れておいた。また適当に目を通して下さい。

付録はもちろん特に意欲ある方のためのものである。

第1部を読んだだけでも、ユークリッドの『原論』の話もあり、非ユークリッド幾何がどんなものであるか、ほぼ見当がつくのではないかと思われる。さらに第2部のお話を読めば、数学者といえども生々しい人間であることがわかり、数学に親しみがもてるようになるのではなかろうか。

この小冊を読んで幾何学の不思議に興味をもたれる人がわずかでも出てきたら幸いである。

◇もくじ◇

付録

第1部

ユークリッド幾何から非ユークリッド幾何へ

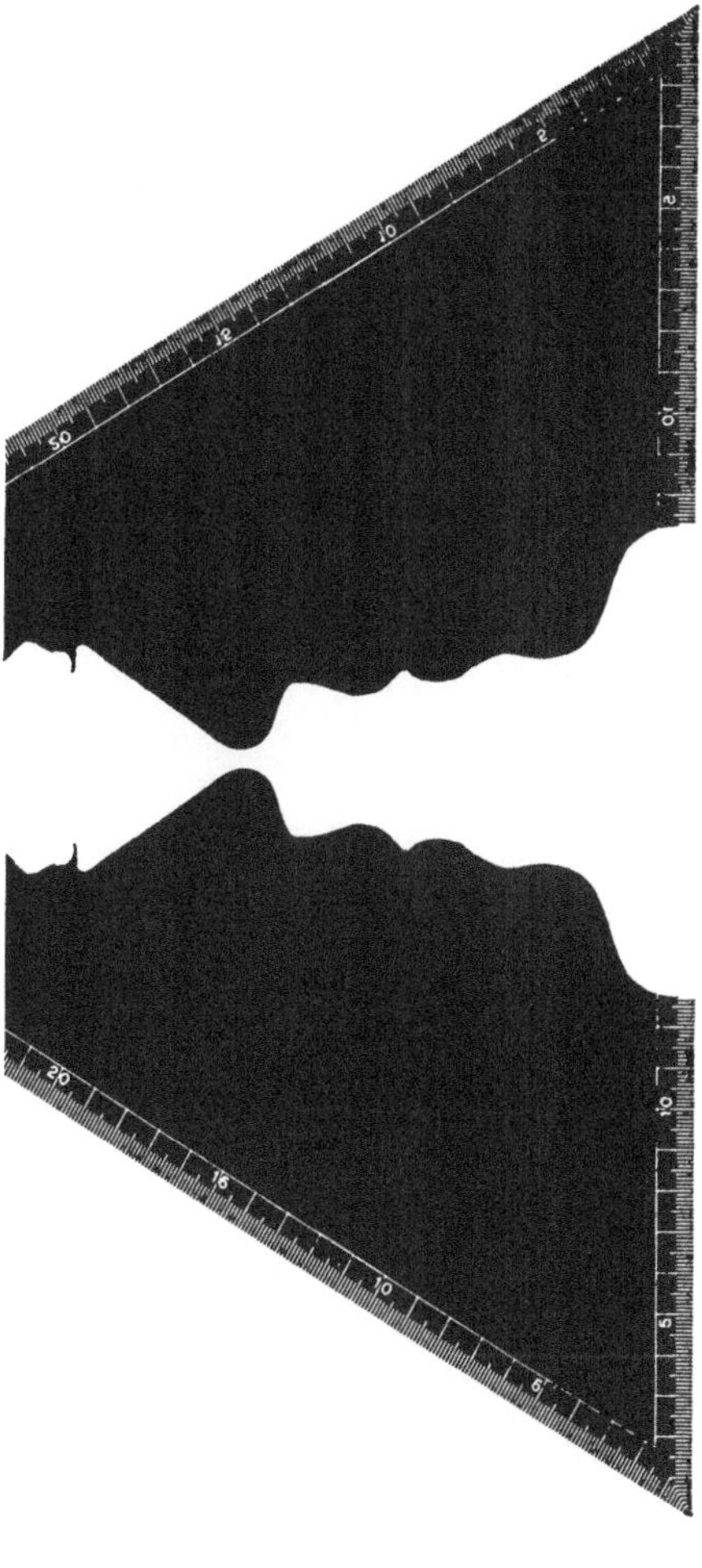

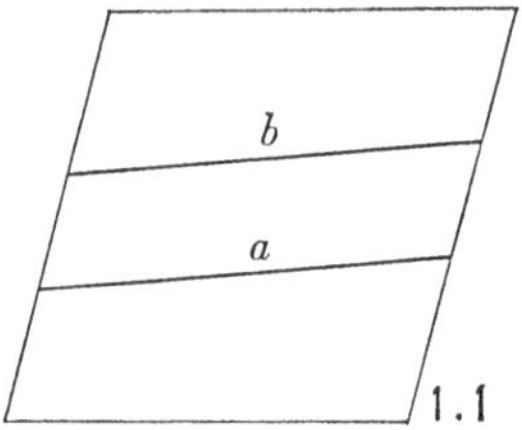

1.1

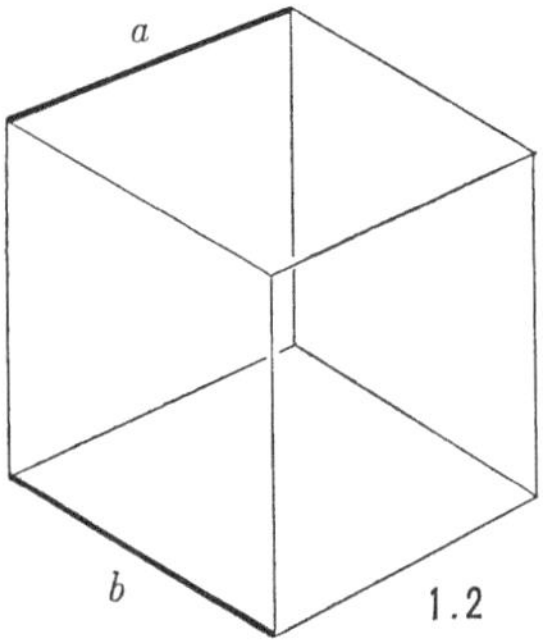

1.2

1　平行線はどう見えるか

老生　非ユークリッド幾何の話をすることになったが、非ユークリッド幾何をやる前にユークリッド幾何、つまり普通の、中学や高校でやる幾何のことを知っていなくちゃいけないわけだね。だからまず初めに君がどのくらい幾何を知っているか、ちょっと質問してみよう。

A君　口頭試問ですか、いやだな。そんなつもりじゃなかったんです。私はただ先生の聞き役になっていればいいんだとばかり思っていたんです。

老生　僕が独りでしゃべって君がただうなずいて聞いているだけじゃ、意味ないよ。僕もしゃべるが君に質問もする。その代わり君も答えたり逆に質問したりする。つまり君は一般の読者を代表して、ごく当たり前の考えを述べてくれればいいんだ。

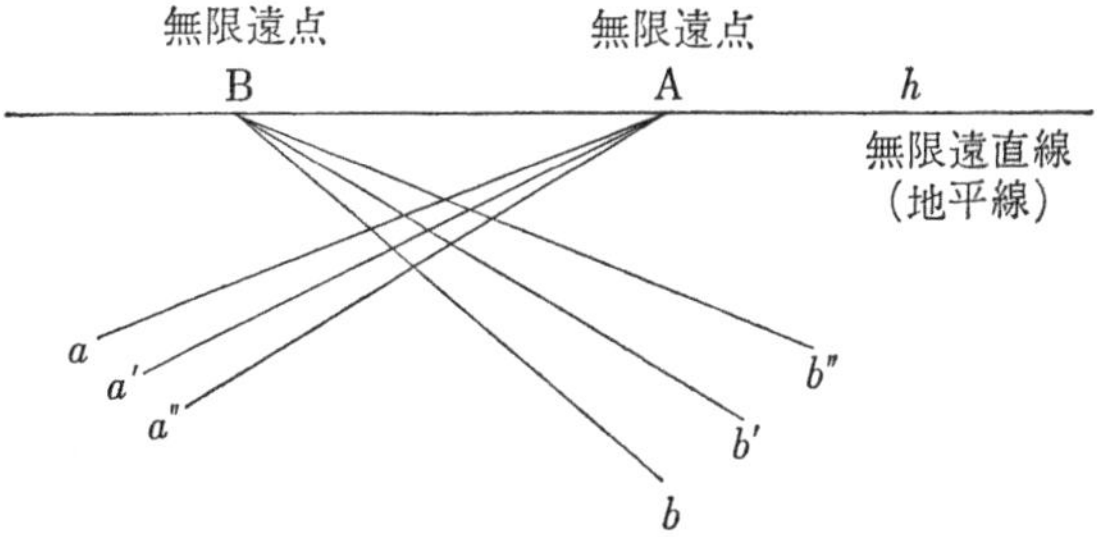

1.3

A君　わかりました。では始めて下さい。

老生　まず平行線とは何か、言ってくれたまえ。

A君　「平行線とは、同じ平面上にあって、互いに交わらない二直線 a、b」のことです。（1.1図）

老生　そうだね。「同じ平面上にあって」ということを忘れずに断ったからえらい。

A君　そのくらいは常識ですよ、先生。1.2図の立方体では a、b は交わらないけれども一つの平面上にないから平行とはいいません。a、b は空間内で「ねじれの位置にある」といいます。

老生　ではまず手始めに、平面上で平行線がどう見えるか考えてみよう。いまシベリア辺りの大平原に立って、鉄道の線路か何かのようにまっすぐ平行に延びた直線を考える。1.3図の a、a' がそれで、ついでにもう一本 a'' も a、a' に平行な直線だとする。すると a、a'、a'' は地平線の一点Aに集まっているように見える。

A君　そう見えると思います。

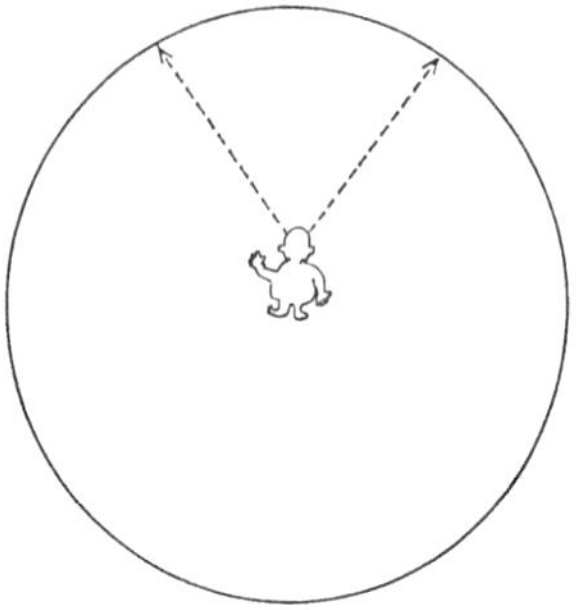

1.4 地平線は丸く見える？

老生　a、a'、a''とは別にb、b'、b''というような平行線があると、それはまた別の地平線上の点Bに集中するように見える。その図が1.3図なんだが、つまり一つの方向の平行線は無限の遠方にある一点――これを無限遠点というが――に集まり、別の方向の平行線はまた別の違った無限遠点に集まることになって、この無限遠点は――さっき地平線といったが――無限遠直線上に並んでいるわけだ。

A君　そうしますと先生、地平線は直線なんですか。

老生　おかしい？　この図はよく見かける画で、地平線は水平にまっすぐ描いてあるだろう。

A君　それは地平線の一部分を描いてあるから直線になっていますが、大平原のまん中に立って地平線をぐるぐるっと見まわすと、どっちの方向にも地平線が見えるわけですから、それが直線だというのは変です。円だというのならまだいいですが。（1.4図）

老生　いや、これは意外だった。君は僕のいうことをそのまま鵜呑みに信用するとばかり、思っていたのだが――す

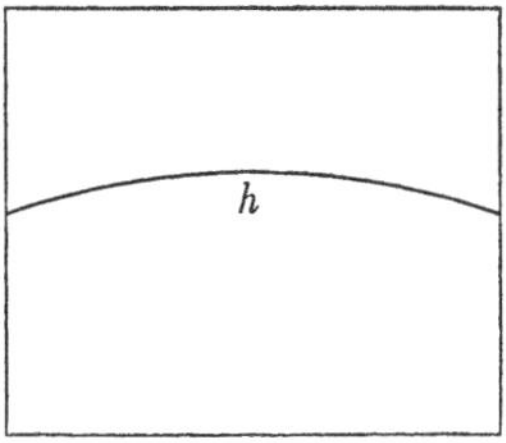

地平線 *h* はこんなに見える？

1.5

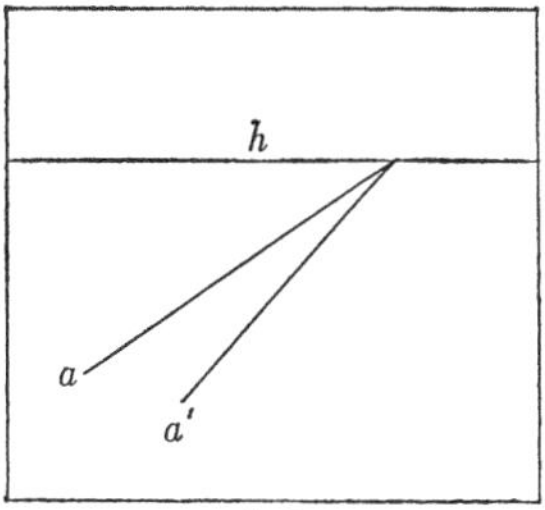

1.6

ると地平線が丸く見えるのは地球が丸いからだね。

A君　いいえ違います。地球が球ではなくて、完全な平面であっても、四方八方どちらを向いても同じに見えるわけですから、やっぱり円に見えるはずです。

老生　そうすると、全体を見まわすと円だけれども、一方向だけ見ると円の一部分が直線に見えるというんだね。それはやっぱりおかしいんじゃないか。

A君　では地平線の一部分が直線に見えるというのは取り消します。

老生　すると1.5図のように描けばいいの？

A君　それは変です。地平線は目の高さに描くのですから、描くときはまっすぐに描くのはいいのです。（1.6図）描くのと目に見えるのとでは違うようです。

老生　そうすると、上の図は画だから地平線を直線で描いても構わない――じゃあ平行線 a、a' の方はどう？

A君　平行線もやっぱり実際に見るのと、画に描くのとでは違うのだと思います。それは a、a' を一方の＋の方を見

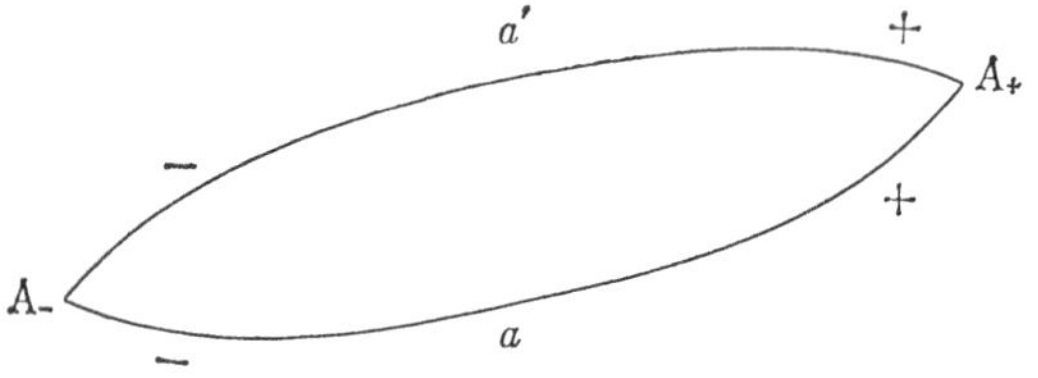

1.7

ているとA_+に近づいて見えるのだったら、逆方向の－の方を見ればまた別の点A_-に近づいて見えるはずだからです。（1.7図）

老生　なるほど。すると平行線は二つの無限遠点で交わっているように見える？

A君　一度に二点で交わって見えるのではなく、＋方向を見ればA_+で交わり、－方向を見ればA_-点で交わっているのです。つまり＋の方を見ている間はa、a'は果たして－で交わっているかどうかわかりません。今度は－の方を見るとa、a'がA_-で交わっていますが、＋で交わっているかどうかはわかりません。

老生　君は実におもしろいことをいうね。そうするとA_+とA_-とが同時に見えないのだから、果たしてA_+、A_-の二点で交わっているかどうかわからない、というのだったら、君の理屈でいうと、A_+とA_-とは実は同じ点であるかも知れないわけだね。

A君　そこまでは言っていませんが……先生につられて思

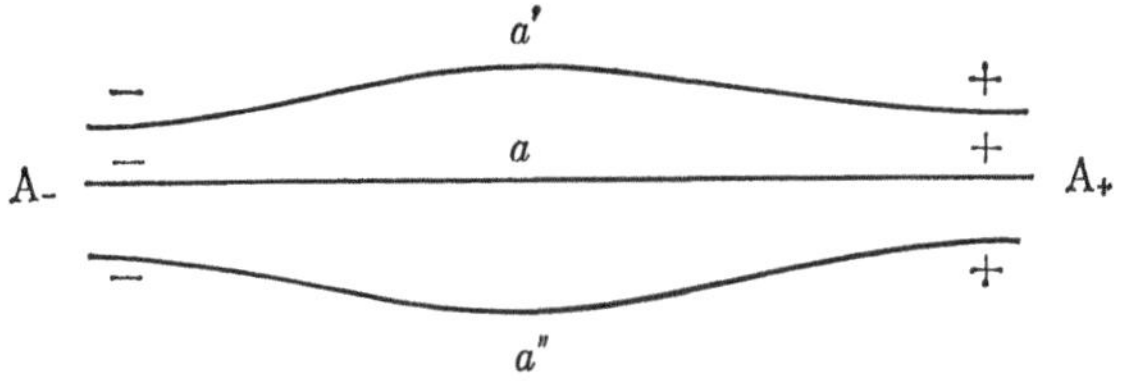

1.8

いついたことを言っただけで……。

老生　いや、二人でどんどん思いついたことをしゃべるのは大事なことなのだよ。いままで考えたこともない新しいアイディアが、ひょいと生まれてくることがあるかも知れない。

A君　A_+とA_-とが同じ点だとはちょっと考えられませんが。

老生　うん、しかしそれは大発見かも知れないよ。――ところで一組の平行線a、a'、a''、……が平面上に何本も描いてあって、そのうちの一本の上にのって眺めたとしよう。そうすると＋の方を見ればA_+の方で交わるように見え、－の方を見ればA_-の方で交わるように見える（1.8図）。A_+とA_-が同時に見えるわけではないとしてもね。それは手近な例で列車の線路がまっすぐに敷いてあったとすると、レールの間の枕木は遠方に行くにしたがって小さく見えるから、A_+、A_-で交わる交わらないは別としても、だんだん近寄ってくるように見えるのはいいね。（1.9図）

A君　それはよろしゅうございます。

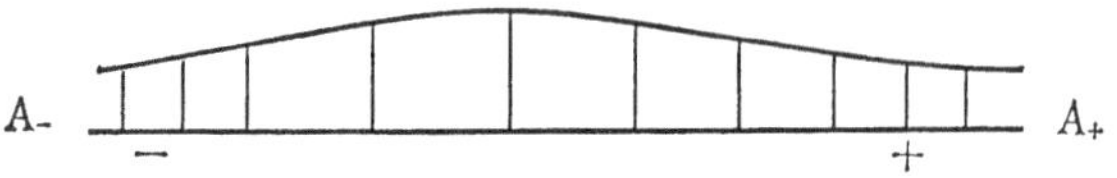

線路と枕木

1.9

老生　そうすると疑問なのは、aの上にのっている人にaがまっすぐに見えるのはいいとして、a'の方は+の方向でも−の方向でもaに近寄って見えるのだったら、a'はまっすぐには見えないのじゃないか。(1.10図)

A君　a'の上にのっている人から見ると、aの方が曲がって見える、というわけですね。そうしますと、直線がまっすぐに見える、ということ自体がおかしいことになりますね。

老生　直線が曲がって見えるのだったら、地平線が直線であって、しかも円に見えるのは、おかしくないのじゃないか。

A君　先生、それは違います。地平線が直線でないというのは、地平線はグルグルと一まわりして元にもどるから丸く見えるのですが、直線だと+の方向、−の方向と二つの方向へ別々に進んで行って、元の場所へはもどりません。

老生　つまり地平線は全体として捉えると直線とは違うものだ、と君は主張するのだね。

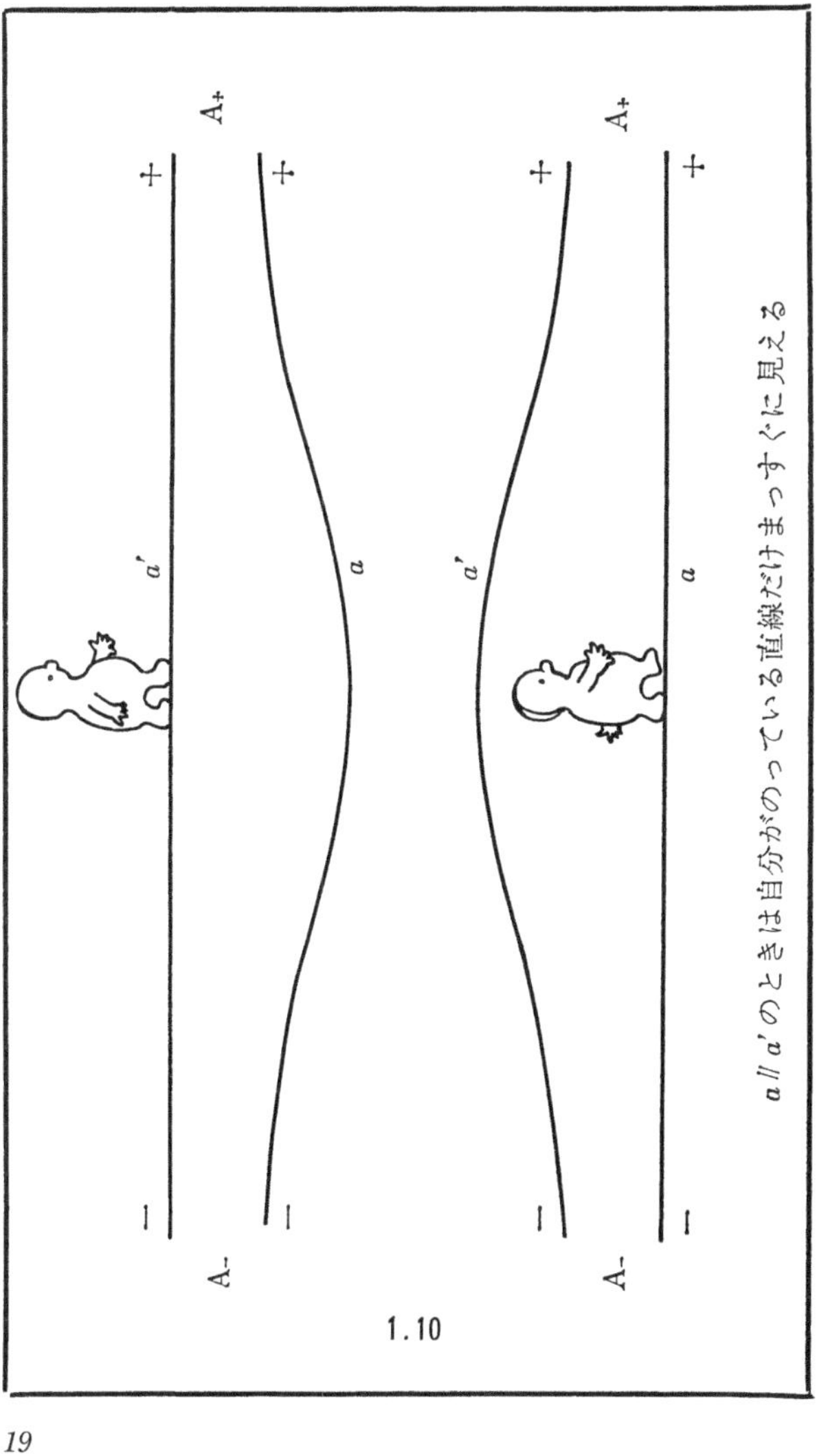

1.10

$a /\!/ a'$のときは自分がのっている直線だけまっすぐに見える

直線は点Pで２分される

1.11

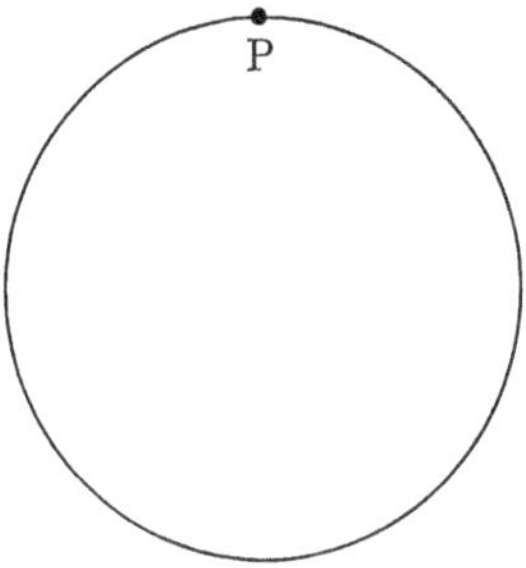

円は点Pで２分されない

1.12

A君　まあそうです。

老生　そういう風に図形を全体的に考えて直線と円とは違う、というのを、数学では直線と円とは「位相」が違う、というのだよ。

A君　位相とか位相幾何というのを近頃よくききますが、位相というのは先生、何ですか。

老生　位相とは何か、ときかれても答えるのはむずかしいけれども、「直線と円とは位相が違う」というのは、数学的にはハッキリしている。なるべく簡単に説明すると「直線はその上の一点を取り去るとA、B二つの部分に分かれてしまうが（1.11図）、円から一点Pを取り除いても残りはまだ連結のままである（1.12図）」

A君　連結というのは何ですか。

老生　連結というのは「つながっている」という意味のことだが、今日は位相幾何の講義をしているわけじゃないから、むずかしい定義などよそうよ。直線は一点を除くと二つの部分に分かれるが、円はそうはならないから、直線と円とは数学的にははっきり区別できるのだ、ということで我慢しなさい。

A君　先生はさっき、地平線が直線であって、しかも円に見えるのはおかしくない、と言われましたのは、やっぱり矛盾しているのではありませんか？

老生　うん、直線と円とは違う図形だ、とたった今証明したばかりだからね。しかしこれは、直線が曲がって見えるくらいだったら、ほかに変なことが起こっても仕様がないじゃないか、というつもりも混じっていたのだ。結局、いままで変な話が続々と出てきたが、さてその原因は何だろう。

A君　話の糸口は平行線ですから、平行線は無限遠点から出る直線である、と考えたのがいけなかったのでしょうか。

老生　それもありそうだね。例えば、初めに平行線は地平線のところから出ているように見える、ということで画をもち出してみた。この画には誰も文句をつけないようだ

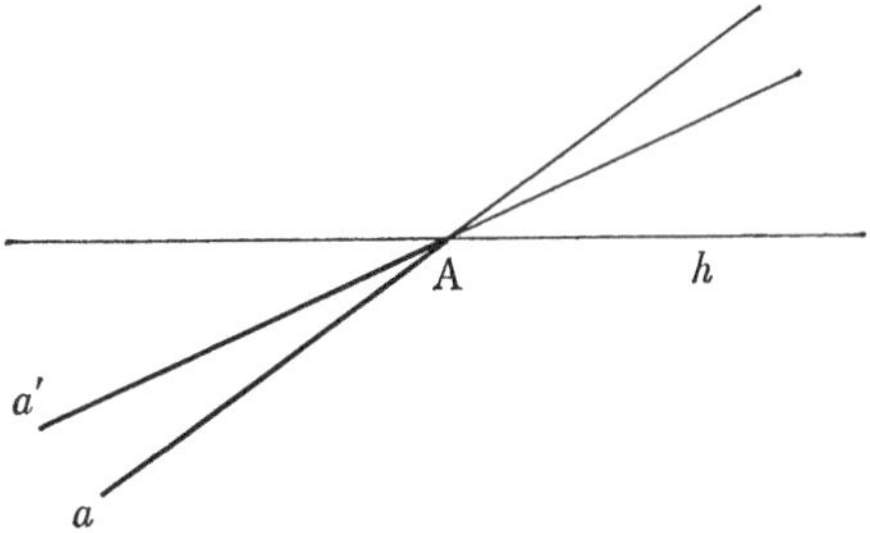

1.13

が、おかしいことがないこともない。

A君　なんでしょう?

老生　a、a'はAのところで行き止まりになっているが、直線はいくらでも延びているはずだから、Aを越えて1.13図のようにもっと先へ延びていてもいいわけだ。

A君　あっ、ほんと——でもAは無限の遠方ですから、無限の先が見えるのはかえっておかしいです。

老生　じゃあAの先に細く描いた直線はいったい何だろう。

A君　ちょっとわかりません。しかし少なくともこの平面上にのっている直線でないことは確かです。

老生　ほんとに確かかい?——それからもう一つ。何といってもおかしいのは、a、a'が+の方向でA_+で交わっているのなら、−の方向でもA_-で交わっているに違いない、というやつ。君の言い分だとA_+とA_-は同じ点かも……。

A君　それは先生がおっしゃったのです。

老生　君の発想はすばらしいが、ちょっと理解するのがむ

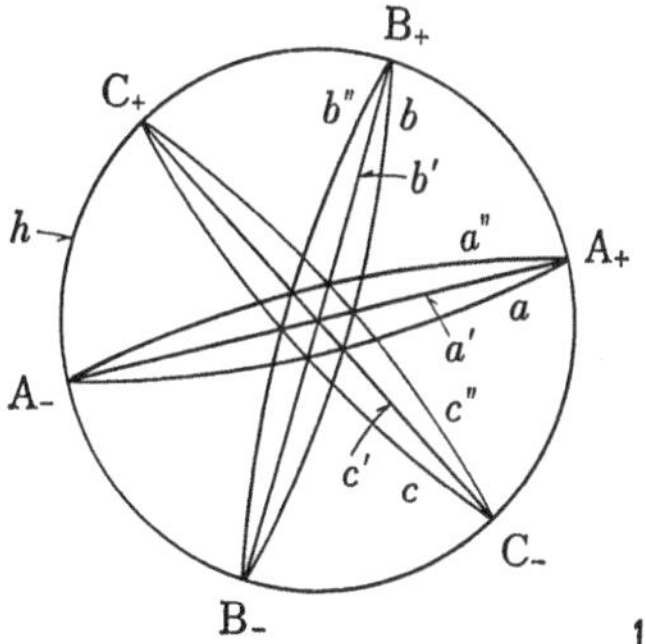

1.14

ずかしい。ともかくA_+とA_-が同じ点か違う点かはあとで考えることとして、さっきの議論だと地平線と平行線全体を想像的に描いた図は、1.14図のようなものになる。この図は地平線がグルッと我々を取り巻く円形の線で、平行線を我々の周りにグルグルとひと回りさせると平行線上の無限遠点が円を一周する図だ。

A君　ずいぶん妙な図ですね。平面と直線が全部、円の中に入ってしまう。

老生　平行線がお互いに曲がった直線に見える（1.7図）、というのもおかしなことだ。そうすると平行線が無限遠点から出る直線であると考えたのが、君が言ったようにいけないのかね。

A君　前にも描いた図（1.15図）はごく自然のように思われます。a、a'を延長した1.13図は困りますが。

老生　我々はいままで平面に立って平行線を眺めたとしよう、といって話をはじめたが、こういうのを「思考実験」という人がある。しかし、思考実験と、実際のものを見た

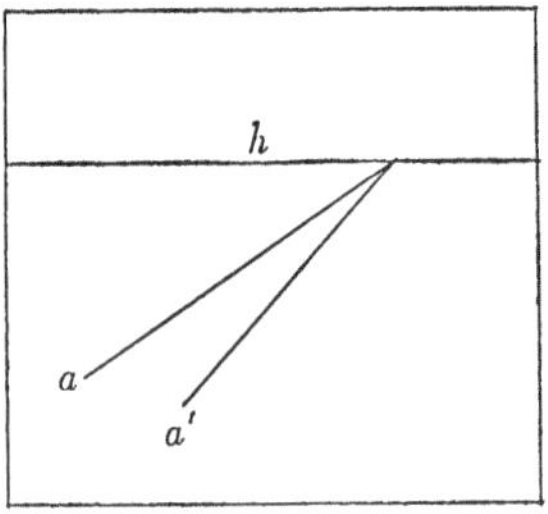

1.15

ときと、見たものを画に描いたのと、それぞれ違う。画でも透視図で描いた画と、感じを描いた画とは違う。

A君　上の図は透視図だったんですね。

老生　そうなんだよ。透視図というのは幾何学的にいうとだね、目の位置Oと物体上の点Pとを結んだ直線OPが画面と交わった点P′の軌跡なのだ（1.16図）が、点Pが目のうしろの方にあると、OからPへ結ぶ直線は普通の画では画面には表れないから正面の方だけが画に表れるわけだ。物体上の点Pが目のうしろにあっても構わずに、OとPとを通る直線と紙との交点P′を画面に描くことにすると、——こういうのをOから画面に投影するとか射影するとかいうが——そうすると1.17図の平行線a、bは画面上でa'、b'となって、無限遠線を射影した直線h上で交わることになる。

A君　そうしますと平行線a、bの＋方向の無限遠点A_+も、－方向の無限遠点A_-も、画面上では一点になって表れるわけですね。それで直線上の＋の方向の無限遠点A_+と－

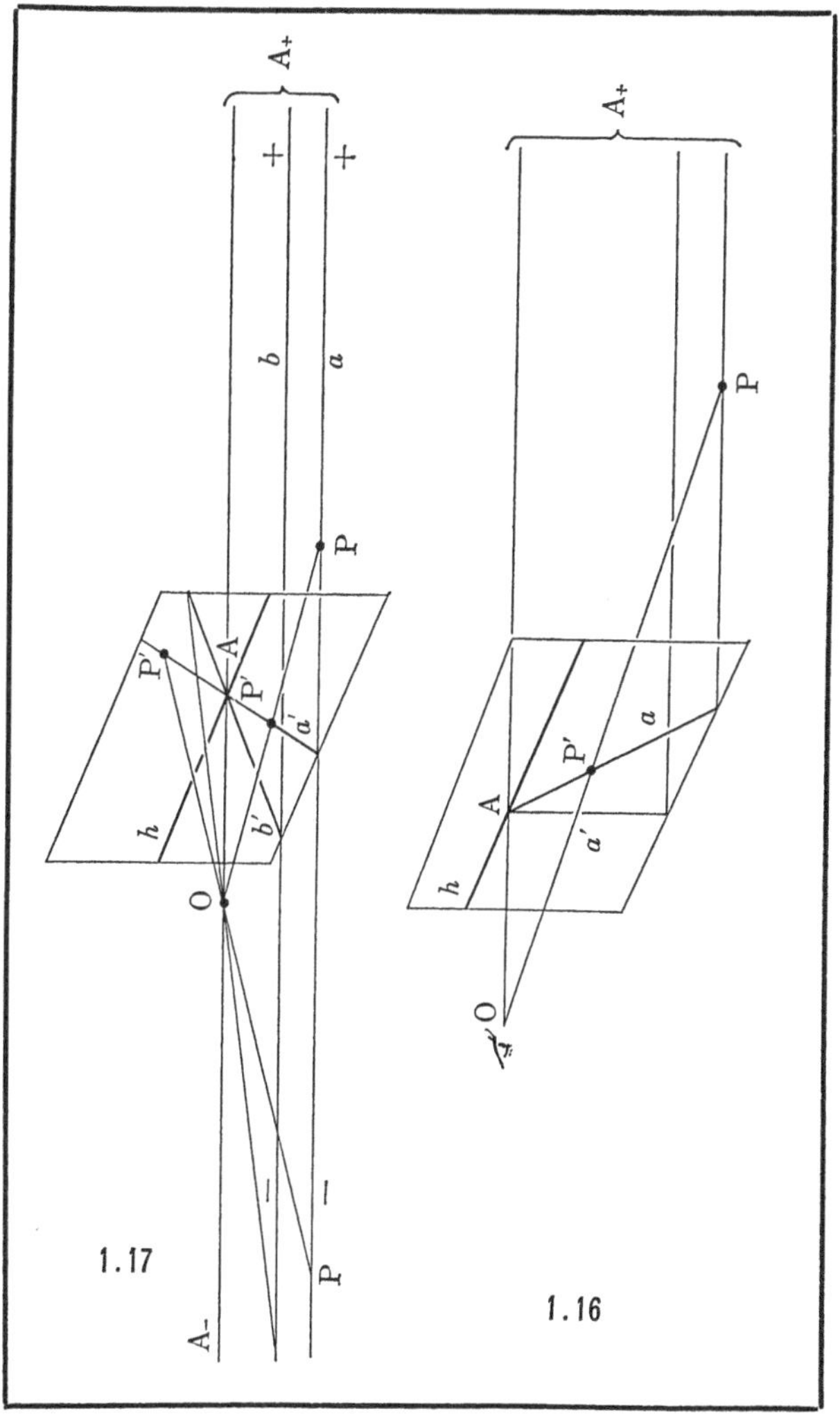

1.17

1.16

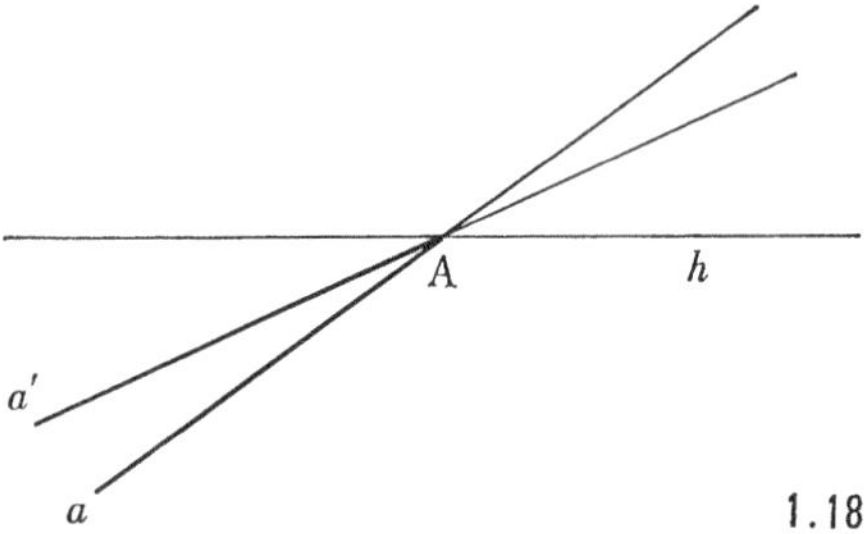

1.18

の方向の無限遠点Aが同じ点かも知れない、とおっしゃったのですね（1.18図）。これが上の図の謎だったんですね。

老生　しかし透視図にしたって、直線は定規で描いたものだから、定規で描いたものと実物とはどう関わり合いがあるかわからないし、もちろん紙の大きさをもっとスケールを広げて考えれば、地球の大きさにも関係してくるわけで、「直線とは何ぞや」「見るとは何ぞや」「描くとは何ぞや」等、さまざまな複雑なことがらが絡みあって大変なことになる。

そこでいったい、直線とは何か、平行線とは何か、幾何学の大本《おおもと》をつくったユークリッドはどう考えていたか、原典を調べてみよう。

2　ユークリッドの『原論』を見る

老生　ユークリッドは紀元前三〇〇年頃、その頃学問の中心だったアレクサンドリアで活躍した人だといわれているが、この人の残した『ストイケイア』という著作が写本で伝わっている。ストイケイアというのは原理というような意味のギリシア語で、この本は古典的なギリシア語とは少し違ったギリシア語で書かれた数学の古典中の古典だ。十三巻から成り立っているが、まず最初にいきなり二十三個の定義がズラリと並べてあって、それから公理があって、定理があって、直ぐその証明がある、とこういった順序で幾何のほかに整数論や実数論、むずかしい特殊の無理数など論じてあり、最後の第十三巻ではプラトンの正多面体といわれている五個の正多面体が確かに存在する、という証明をしている、すごい本だよ。

A君　紀元前三〇〇年といいますと、お隣りの中国では戦国時代、日本はまだやっと弥生式文化が出始めた頃ではありませんか。

老生　そうかい。僕は弥生式も縄文式も区別がつかないが、君はよく知っているなあ。とにかくそんな大昔に証明入りの、理論体系を組み立てたのだから驚く。日本ではずっと近世のことだが、和算で円理という、今でいえば高等数学の積分学のようなものが発見されていて、そのおかげで明治時代に洋算が輸入されるとたちまち洋算を消化吸収してしまった。しかし東洋数学の欠点として数学ももっぱら直観的で、正しければ論理などどうでもいい、といったような傾向があったから、平行線の問題で苦しんだ挙げ句が非ユークリッド幾何の発見になった、などという思想的な発展はありようがなかった。それはそれとして、では『ストイケイア』、訳して『原論』の始めの部分をしばらく検討してみよう。テキストはここにある中村幸四郎ほか三名の訳註による、『ユークリッド原論』を使う。この訳はギリシア原典からの最初の日本語訳で、一九七一年に出版されたものだ。

A君　なかなかの豪華版ですね。

老生　ユークリッドはどういう人だったか、『原論』はどういう本だったか、など知りたかったらこの本を見るとい

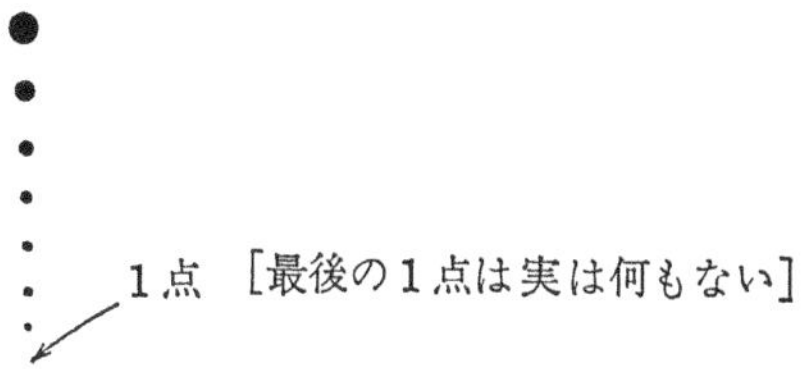

1.19

い。今日は数学的な話だけにするから。

　では最初のところを少し読んでみたまえ。わからないところは解説していくから。

A君　まず第一巻は――いきなり定義で

　定義1　点とは部分のないものである。

　つまり点とはそれ以上小さくできない、最小ぎりぎりの、図形のもと、ということでしょう。(1.19図)

老生　そのとおり。現代数学でも幾何の図形は点の集合だと考えるのが普通だからね。

A君　図形を点の集合であると考えないこともあるのですか。

老生　射影幾何では直線や平面を点の集合とは考えない。こういうことがあるけれども普通は図形を点集合だと考えていい。

A君　次は

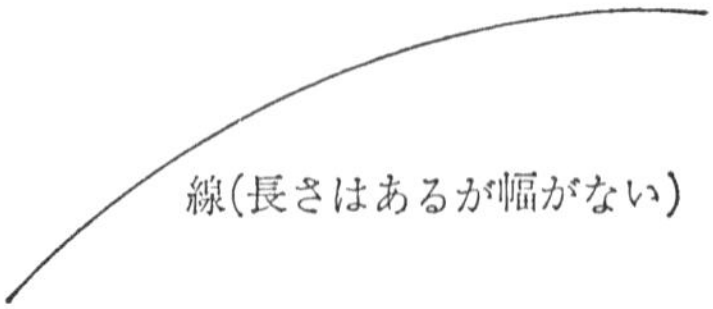

1.20

定義２　線とは幅《はば》のない長さである。

幅のない長さ、とはわかりにくいですね。

老生　そうだね。ずっとあとの第十一巻へ行くと

定義　立体とは長さと幅と高さをもつものである。

というのがある。だから定義２は

定義２′　線とは幅をもたず長さのみもつものである。
（1.20図）

としてあったら、あとの定義とも歩調が合っているし、原文をそう読み直したらいいのではないか、などと僕は考えている。僕の独断かな。

Ａ君　次にいきます。

定義３　線の端《はし》は点である。（1.21図）

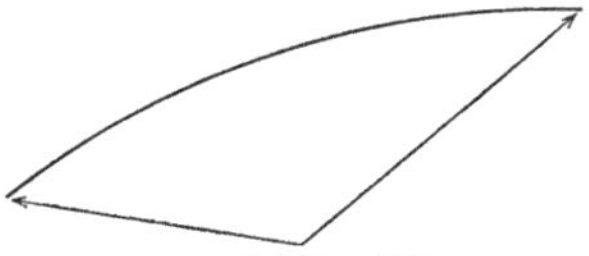

1.21

老生　点の定義は定義1にあったのだが、ここで繰り返しているね。別の言葉で言い直した感じだが、ここでは線との関連を言っているわけだ。「端」というのはなかなかいい概念なんだよ。定義の5と6を読んでごらん。

A君　では定義4はあとまわしにしますと

定義5　面とは長さと幅のみをもつものである。(1.22図)

定義6　面の端は線である。(1.22図)

となっています。そうしますと、面は長さも幅ももっているが、「面の端は幅がすっかりなくなって長さだけ残るから、即ち線である」というわけですか。うまいですね。

老生　君はわかりが早いね。じゃついでに、前にもどって「点」を考えてみよう。君、線の端が点になっている図を

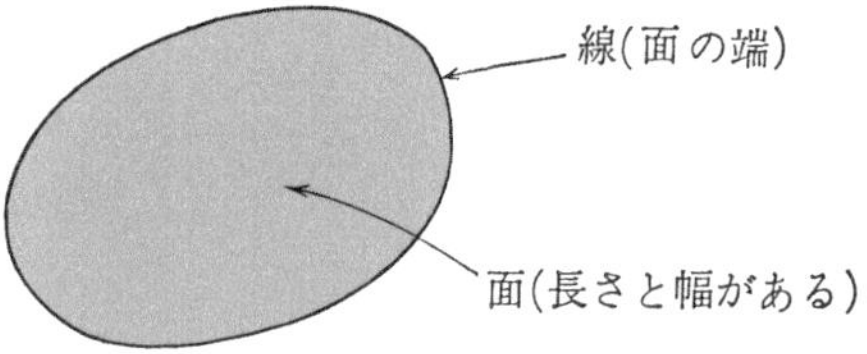

1.22

描いてごらん。

A君　前と同じ1.21図じゃいけませんか。

老生　この図は線に太さがあるから、ダメだよ。

A君　太さのない線を描かなければいけないのですか。

老生　そうだよ。

A君　じゃあまず面Mを描かなければいけませんね。

老生　そう、そう、それから？

A君　――Mの端は線aになっているけど、aの端がないなあ……。

老生　何とかしてaの端をつくるんだね。（A君はしばらく沈思黙考している。その間老生は一休み）

A君　先生、わかりました。もう一つの面Nを描きますと、aがNの端にぶつかったところがaの端、即ち点です。（1.23図）

老生　御名答だ。前の図を生かすのだったら、幅のある二本の線l、mを引き、l、mの拡大図を描くと、君が考えたと同じ理由で四個の「部分をもたない図」即ち「点」

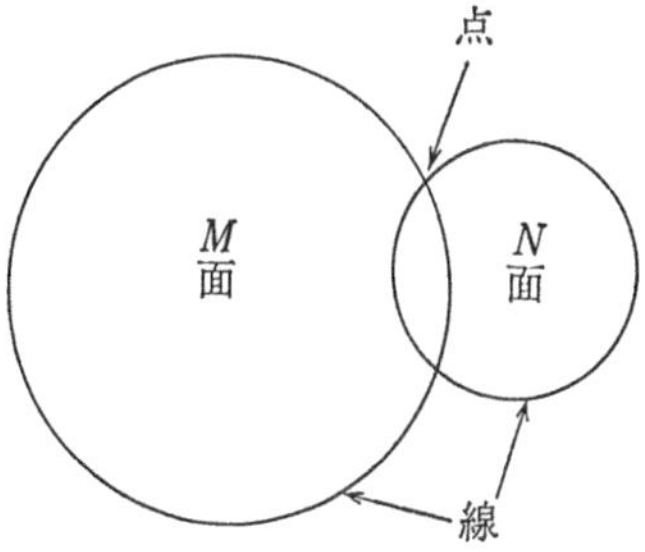

1.23

A、B、C、Dが現れる。(1.24図)

A君　では前にもどって定義4を読みます。

　定義4　直線とはその上にある点について一様に横たわる線である。(1.25図)

老生　これが待望の直線の定義だ。直線とはまっすぐに見える線であるとか、二点間を結ぶ最も短い線である、とか言っていないところがえらい。

A君　しかし一様に横たわる線だ、というのはおかしいです。円だって一様に横たわる線だと思います。(1.26図)

老生　直線はいくらでも延ばせるということが、あとの公準にあるのだよ。

A君　そうですか——でも円だって円周をぐるぐるまわってよければ、いくらでも延ばせます。

老生　うん、君はなかなかいいことをいうね、これは大問題なんだ。しかしその議論はまたあとでやることにして、

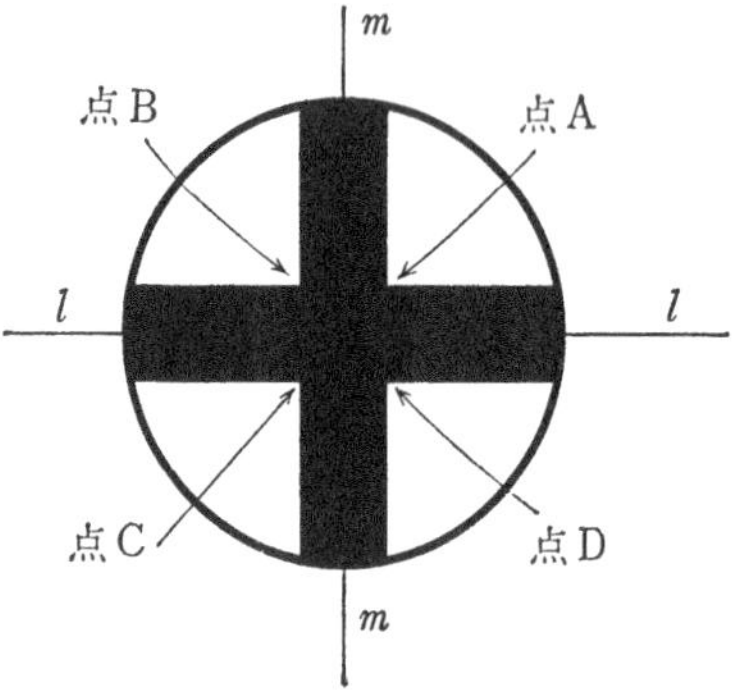

直線l, mの
交点付近を
拡大鏡で見た図

1.24

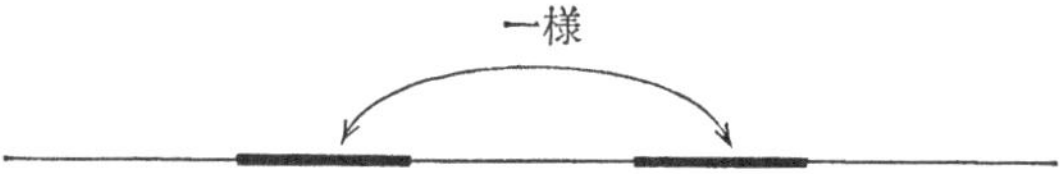

直線(一様に横たわる)

1.25

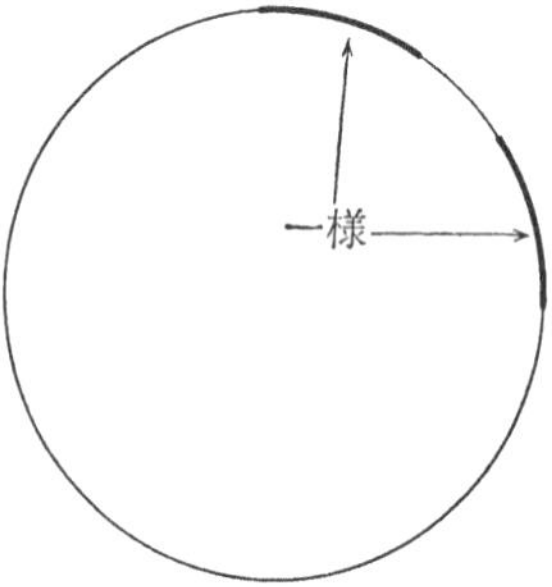

円(一様に横たわる?)

1.26

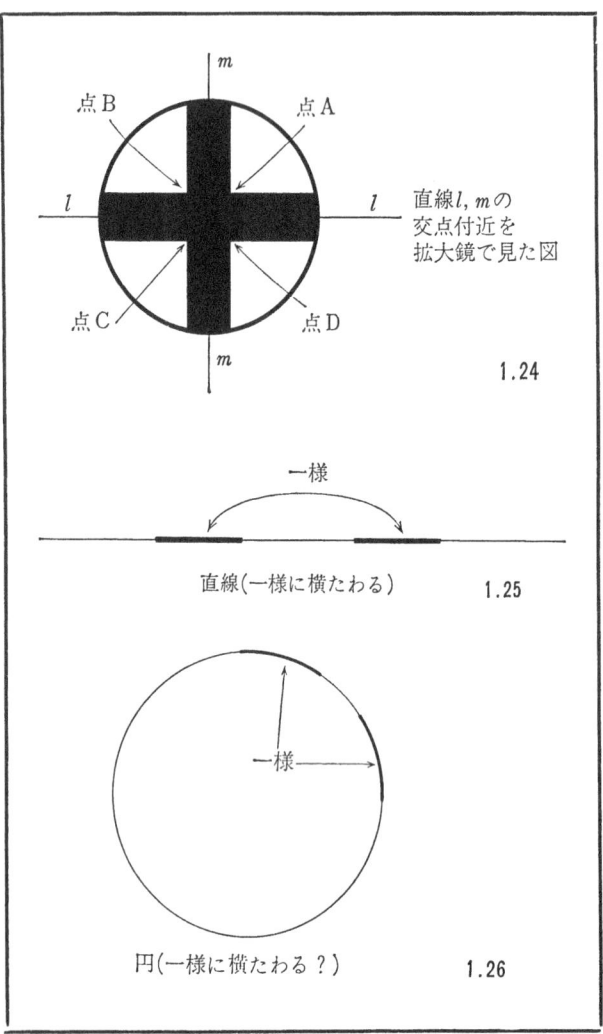

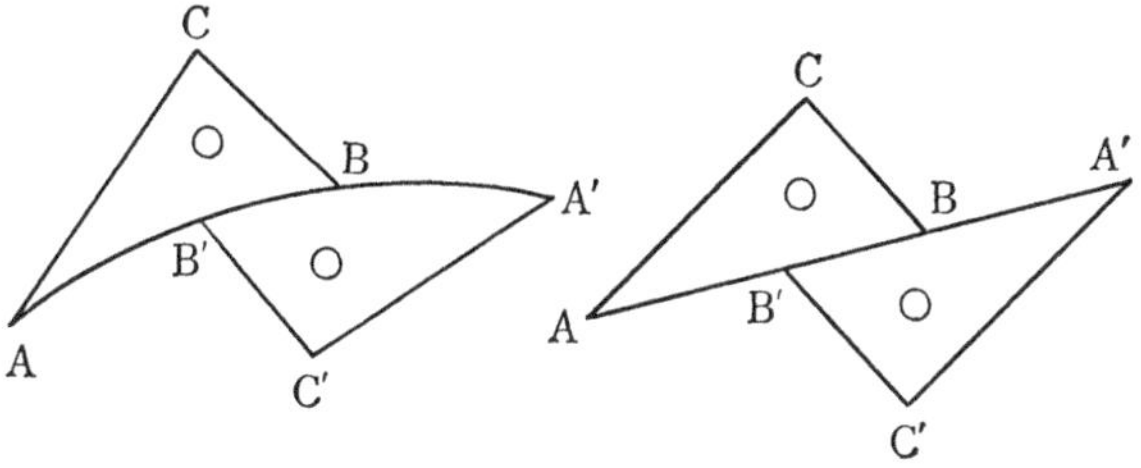

1.27

さしあたり次のように一応常識的に解釈してみよう。

例えば三角定規△の辺ABがまっすぐであることを検査するには、まず△′という別の三角定規を作って△′の辺A′B′、がABとピッタリ合うようにする。そしたら△′を△にピッタリ合わせたままで、右にも左にもずらすことができたとしよう（1.27図）。そうすると……。

A君　そうしますとABはまっすぐか、円であるかです。円といっても円の弧ですが。

老生　そこで面倒だが第三の三角定規△″を同じように作ってみると（1.28図）、もしABが円の弧で、したがって△′も△″も辺A′B′，A″B″がABとピッタリ合う円弧だったら、△′△″は合いっこないし、もし△′△″がピッタリ合ったらもとのABもまっすぐだというわけ。

この検査法を直線の定義にしたのが定義4である、と考えていいのじゃないか。

A君　つまり線lに沿って三角定規△がずらせればlは直線か円ですが、この△をlの反対の側にもピッタリのせる

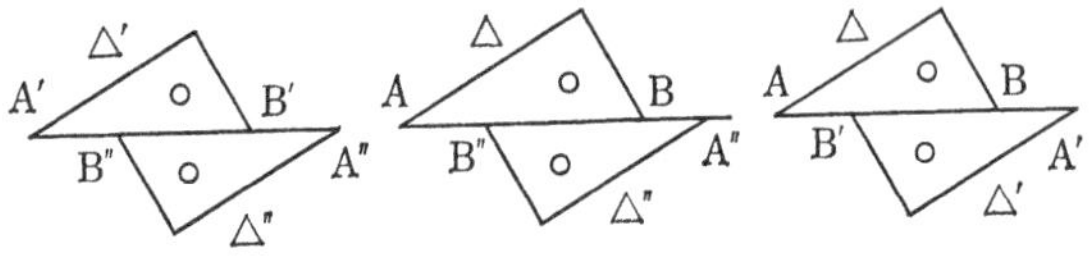

1.28

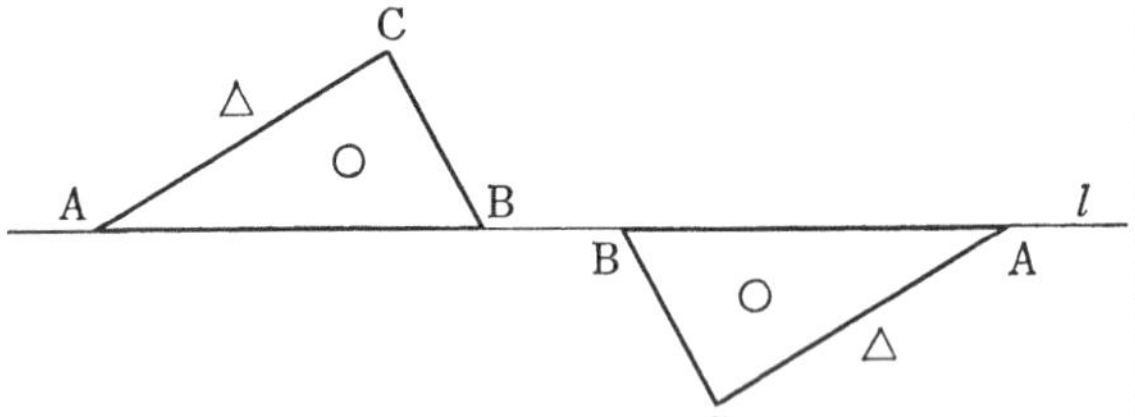

1.29

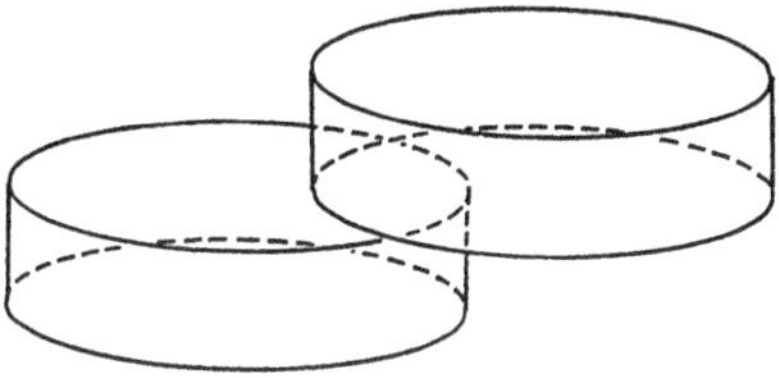

1.30

ことができたら、lは直線だというわけですね。（1.29図）

老生　そういうわけだ。望遠鏡のレンズを磨くのも同じような原理でやっているね。

A君　実は私も中学生のとき天文に凝って、望遠鏡が欲しくてたまらなかったもんですから、反射望遠鏡の凹面鏡を自作しようとしたのですが、とてもむずかしいのでやめました。

老生　ガラスを二枚合わせて、グルグル回していればいいんじゃないか。（1.30図）

A君　なかなか理屈どおりにはいきません。原理的にはA、B二枚のガラス板の間にカーボランダムとか何とかいう細かい磨き砂に水を混ぜたものを入れて、根気よく磨り合わせをやるわけです。磨き砂を荒目のものからごく微細のものに替えていくといくらでも球面に近いものができますが、これだけだとレンズの表面がすりガラスになっていますから、今度はピッチと紅殻《べんがら》を使ってピカピカに仕上げます。ところが反射望遠鏡の凹面鏡はパラボラ面にかえな

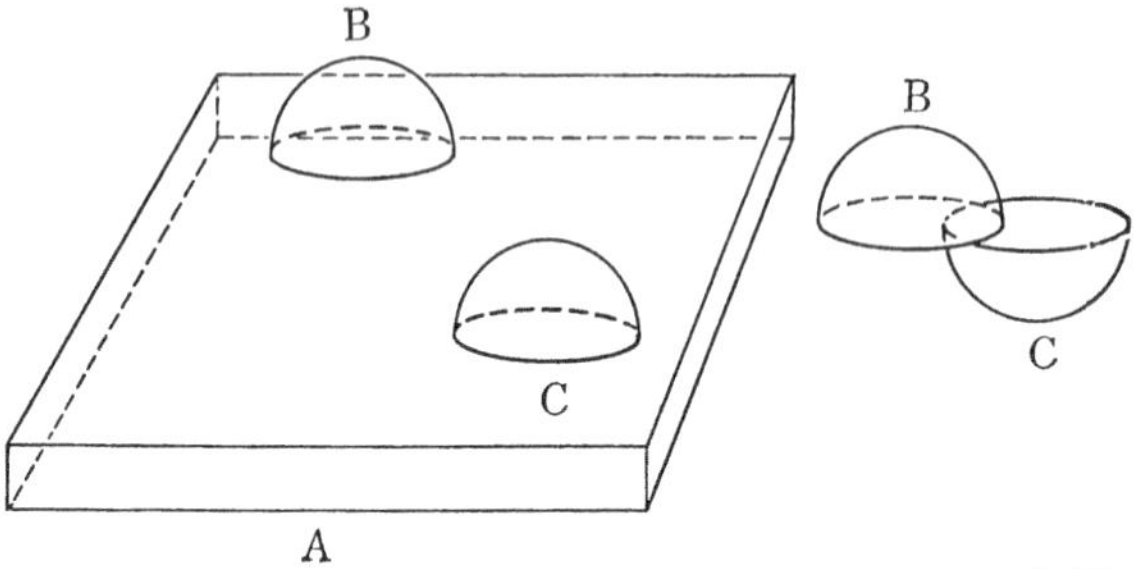

1.31

くてはなりませんから、何べんも測定しては磨き、測定しては磨き、これがまた大変です。——話がそれてしまいましたが。

老生　球面ならいくらか楽なわけだね。それで、もし平面鏡を作るのだったら、前の△のときのように、三枚のガラスを互いに磨り合わせっこして、どれもピッタリ合うようになったら平面ガラスができたことになる（1.31図）。つまりBとCがAにピッタリ合い、またBC同士もピッタリ合ったら、どの三つも凹んでいないし、また凸のところもないからAは平面だというわけだ（補講9）。そうすると直線の定義を真似すれば

（平面の定義）　平面とはその上にある点について一様に横たわる面である。

いや失礼、『原論』を放っておいて勝手な定義をしてしまった。次へいってくれたまえ。

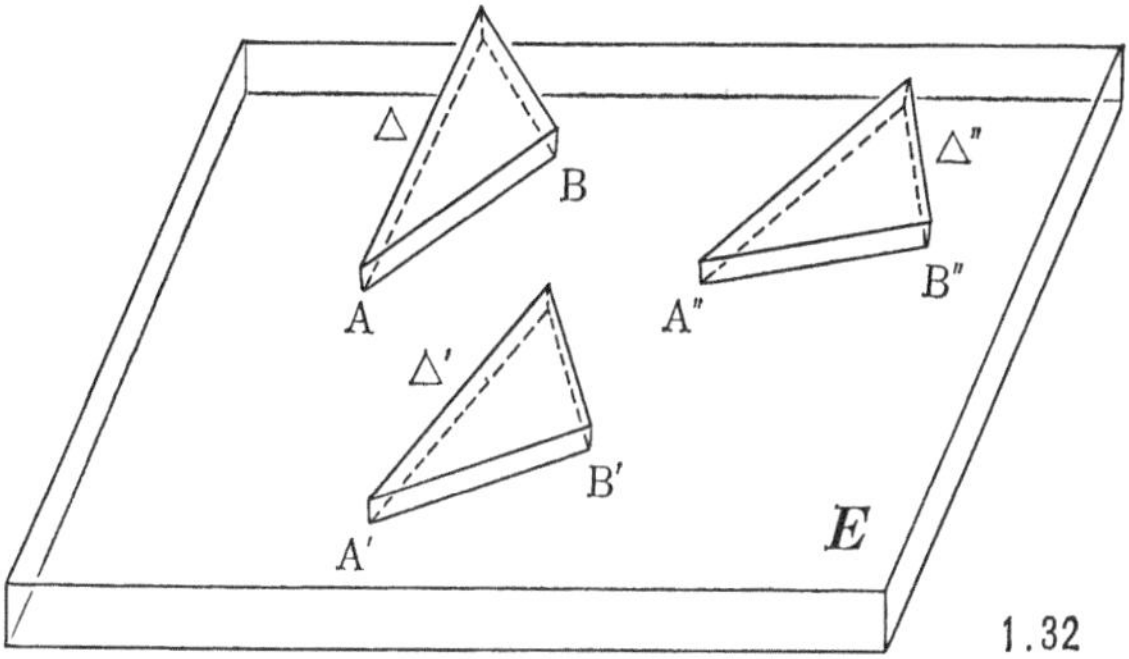

1.32

A君　では読みます。

定義7　平面とはその上にある直線について一様に横たわる面である。

これはいま先生が言われた平面ですが、定義が少し違いますね。

老生　うん、ユークリッドは平面の定義の中に、平面が直線を全部含んでしまうことと、その上の各点についても各直線についても一様だということを、一ぺんに読み込んであるからだよ。本当はね、直線を定義するより前に、平面を定義しておく方が順序としてはいいんだよ。

さっき三角定規を使って、線がまっすぐかどうか調べる話をしたが、あのときの三角定規は初めから平面上においてあることを黙って仮定していたわけだ。もっとリアルに考えると、直線を作るには（1.32図）

一、まず、今やったようにして平面ガラス板$\boldsymbol{E}$を作る。

二、底が$\boldsymbol{E}$にピッタリついている三角形のガラス板△、△′、△″を作り、この三つを$\boldsymbol{E}$上に置きながら三角形の底辺AB、A′B′、A″B″を順繰りに繰り返し磨り合わせれば、底辺がまっすぐなガラスの三角定規ができ上がる。

A君　つまり実際の三角定規は厚みがあるということですね。

老生　こうやって平面ガラス$\boldsymbol{E}$上に線分ABができると、それを延長して直線ができるし、平面がその上の直線に対して一様であることも、△を$\boldsymbol{E}$上ですべらしていくことでわかる。もっと大事なことは、三角形を平面$\boldsymbol{E}$上の勝手なところへもっていけるから、線分でもほかの図形でも形をかえずにほかの勝手な位置に移すことができる。こういうことを全部ひっくるめて「平面とはその上にある直線について一様に横たわる面である」と一言で言っているわけだ。——ただし、これは私個人の想像で、歴史的な裏づけはないけどね。

A君　平面の定義もなかなか意味深長なんですね。

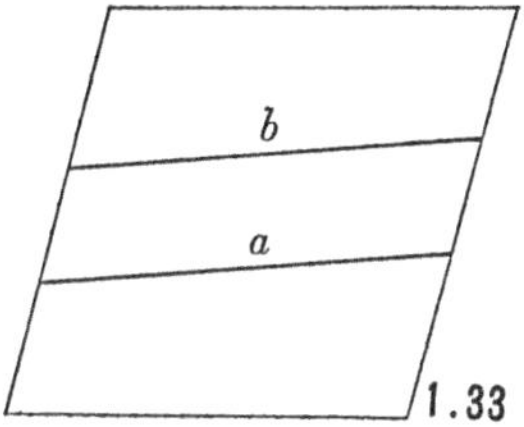

1.33

老生　『原論』ではこのあと定義8以下、直角とか鋭角とかいう角の定義や、円の定義などあるのだが、それは飛ばして最後の定義23を読んでくれたまえ。

3　平行線とは何か

A君　では読んでみます。

定義23　平行線は、同一の平面上にあって、両方向に限りなく延長しても、いずれの方向においても互いに交わらない直線である。(1.33図)

老生　ユークリッドのいう直線はもともと無限に延びた無限直線ではなくて、線分のようなものを考えているらしい。いくらでも延ばせる可能性をもった有限の直線なんだね。この点は極めて慎重で用心深い。あいまいでもある。

1.34

直線は両方へ延長できる

1.35

まあこれで図形の定義は終わったが、定義だけではさっき述べたようにまだ図形をあつかうのに不十分なので、次に公準というのが書いてある。公準というのは、上で定義した図形のうち、点とか直線、円などごく基本的な図形の間の関係を述べたものでね。一種の約束というか、議論し合っている人の間で互いにあらかじめ認め合う事柄をいう。定義だって約束という点では同じようなものだがね。まあ読んでごらん。

A君

公準（要請）

次のことが要請されているとしよう。

公準1　任意の点から任意の点へ直線を引くこと。(1.34図)

公準2　および有限直線を連続して一直線に延長すること。(1.35図)

老生　公準1、2を一緒にすると

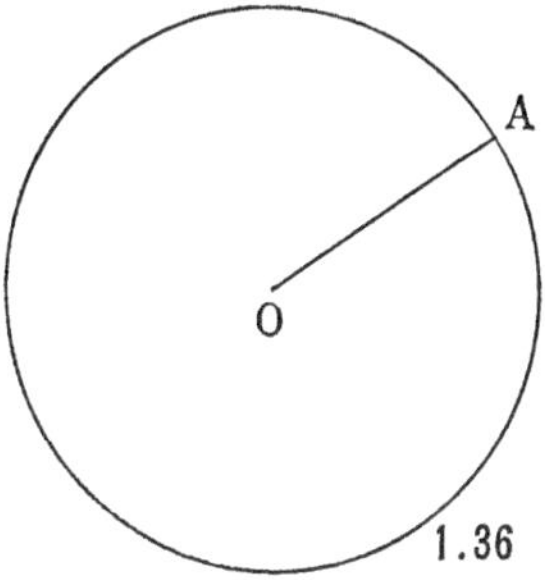

1.36

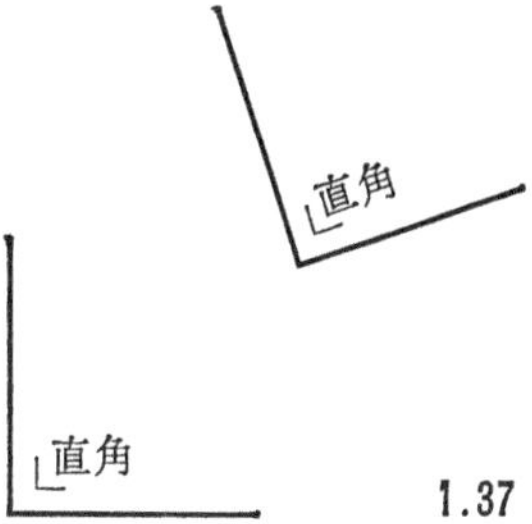

1.37

二点を通る直線はただ一つある。

というような、高校の教科書流のいい方になる。

A君　公準3　および任意の点と距離（半径）をもって円を描くこと。（1.36図）

コンパスを使ってよろしい、ということですね。

老生　まあそうだ。もっともコンパスといっても理論上のコンパスだがね。これもなかなか意味深長なのだが、さしあたりノー・コメントとしておこう。

A君　次のはどういう意味があるのでしょう。

公準4　および、すべての直角は等しいこと。（1.37図）

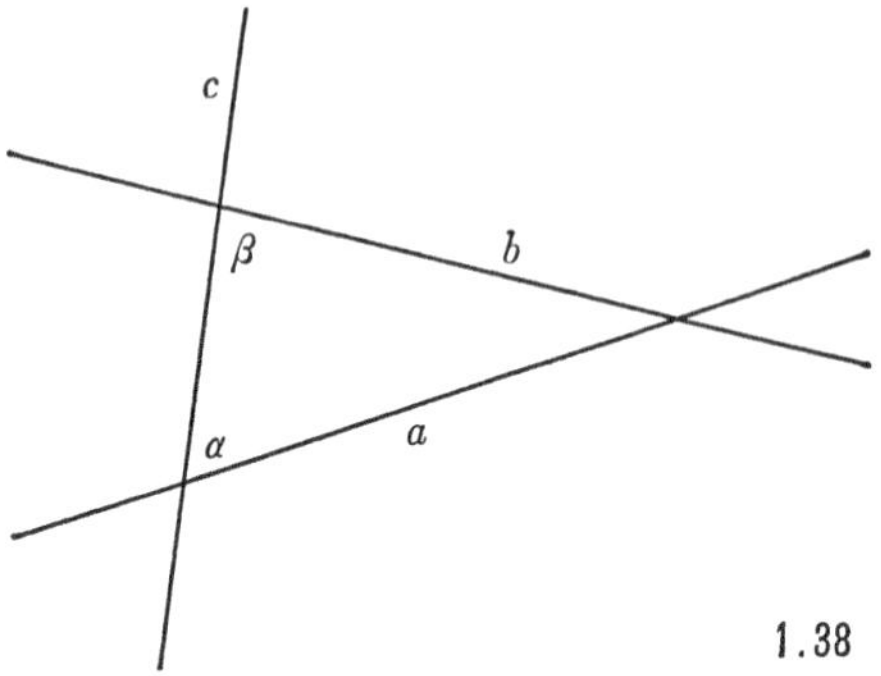

1.38

老生　家を建てるにも何をするにも、直角とか垂直というのは大事だからね。直角を角の単位にとるのは利口だ。

A君　次はいよいよ平行線の公準になりますが、一度や二度読んだくらいではチンプンカンプンです。

老生　図を描きながら、ついでに名前をつけながら読んでごらん。

A君　直線や角に名前をつけて読みます。

公準5　および、一直線 c が二直線 a、b に交わり、同じ側の内角 α、β の和 $\alpha+\beta$ を二直角より小さくするならば、この二直線 a、b は限りなく延長されると、二直角より小さい角のある側で交わる。（1.38図）

図を描けば、言っていることだけはわかります。

老生　そう、図のとおりだからね。だけど α、β の和 $\alpha+\beta$ が二直角に等しいときはどうなるだろう。

A君　$\alpha+\beta$ が二直角ならば、a、b は平行になります。

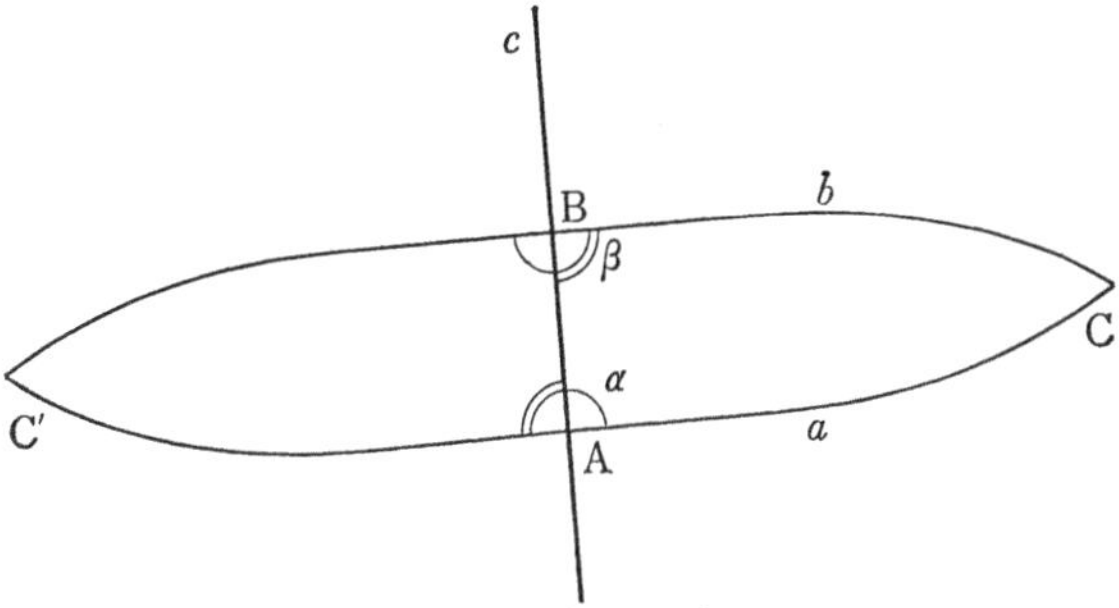

α, β：同側内角

1.39

なぜなら、$\alpha+\beta$が二直角だとしてa、bがCで交わったとしますと、1.39図で△ABCを平面上で動かして辺ABを逆にBAに重ねた三角形を△ABC′としますと、CAとAC′は一直線となり、CBとBC′も一直線になりますから、二直線CAC′とCBC′が二点C、C′で交わることになって不合理です。

老生　だいたいそういうわけだね。

A君　きびしいなあ、なぜだいたいなのですか。

老生　うん、それは点CとC′が同じ点かも知れないからだ。

A君　でも先生、CとC′は直線cの反対の側にあるのですから、同じ点であるはずはありません。

老生　そこなんだよ。直線cが平面を二つの反対の側に分ける（1.40図）、というのが問題だ。

A君　しかし先生、公準5にも直線a、bは$\alpha+\beta$が二直角より小さい「側」で交わる、といっているではありませんか。直線が平面を両側に分けることは当然、言外の仮定

B側

A側

c

1.40

c

b

α' | β'

β | α

a

α, α'：錯角
β, β'：錯角

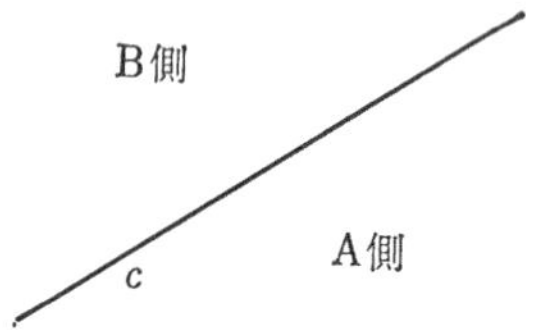

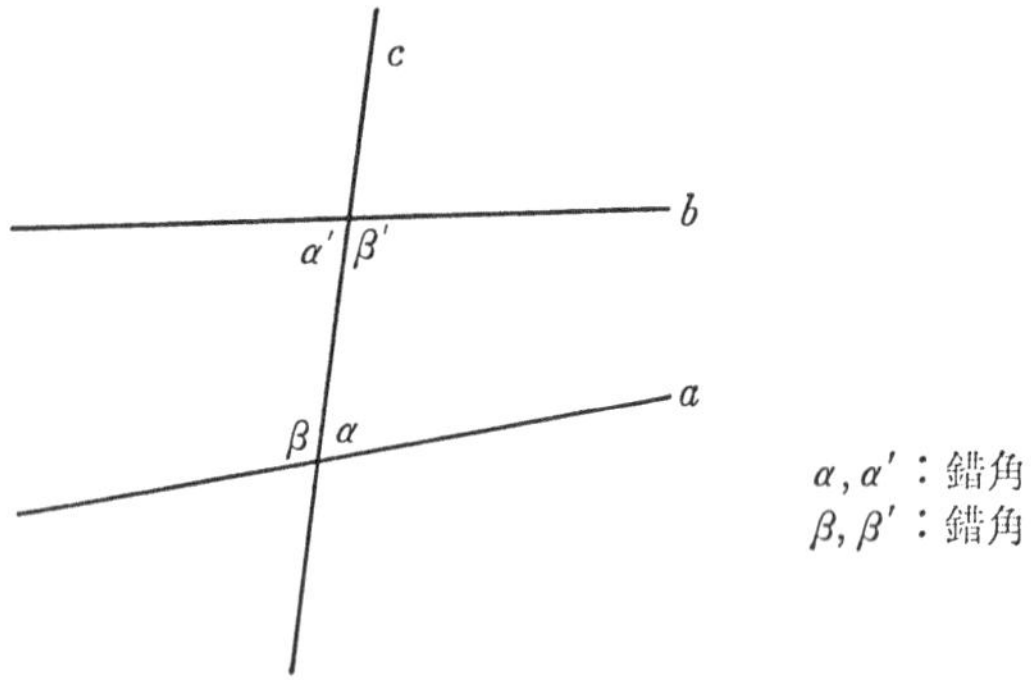

1.41

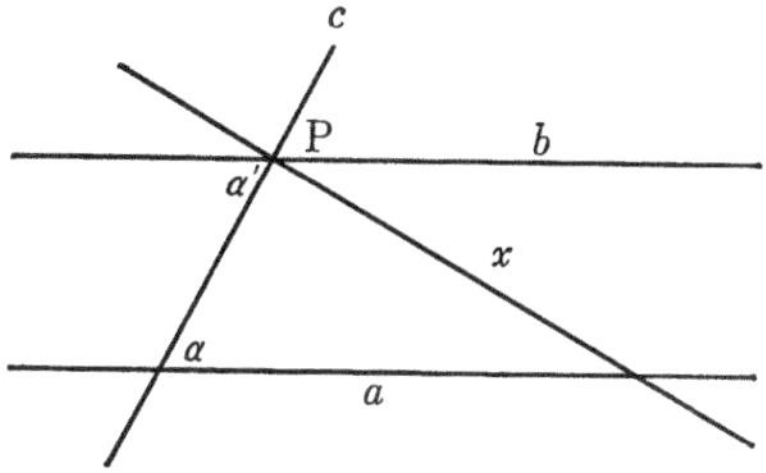

$\alpha=\alpha'$　**1.42**

に入っています。

老生　君もなかなか手きびしく追及するね。では君の説に従って、ユークリッドは「直線が平面を、二つの側に分ける」ことを暗に仮定しているものとしておこう。

それから「同側内角の和$\alpha+\beta$が二直角に等しい」という代わりに「錯角《さっかく》α、α'あるいはβ、β'が等しい」といってもいいし、この方が言葉としては簡単だね（1.41図）。

そうするとa、bが平行ならば、a、bを直線cで切ると、錯角α、α'は等しくなる（等しくなければ公準5によってa、bは交わってしまうから）。だから

定理　平行線を一直線で切ると、錯角は等しい。

となって、これは実に役に立つ性質だ。

それからもう一つ、$a/\!/b$（a、bは平行）のときb上の点Pを通ってbと違う直線xを引くと（1.42図）、公準5からxはaと交わることがすぐわかる。

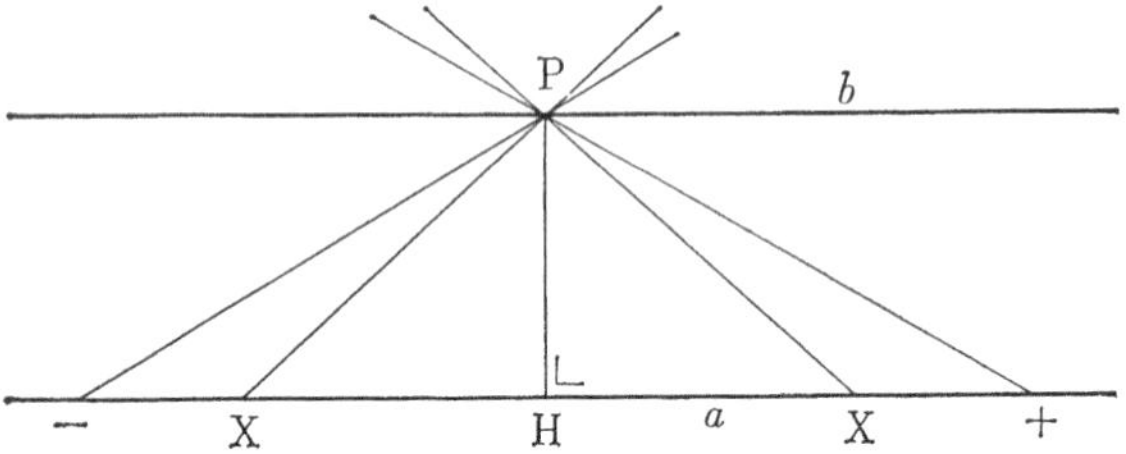

1.43

Λ君　そうしますと公準5の代わりに

公準5　直線a上にない点Pを通ってaと平行な（即ちaと交わらない）直線はただ一つである。

としてもいいわけですね。

老生　その方がずっとわかりやすい。だが平行線にはもう一つ別の見方がある。

それはまず直線a上にない一点Pからaに垂線PHをおろし（1.43図）、PのところでPHに垂線bを立てると、君がさっき証明したことでa、bは平行になる。そこで今度はa上に動点XをとってこのXをa上で＋の無限遠の方向へどんどん動かしていくと、直線PXは限りなくbに近づいていく。Xをa上で－の無限遠へ追いやっても、やっぱり直線PXはbに限りなく近づく。だからaと平行なbというのはXをa上で＋の方向に無限の遠方に追いやったときの極限の位置でもあるし、Xを－の方向に無限遠に追いやったときの極限の位置でもある。微積分では数の極限値を考えるが、幾何では図形の極限の位置、とか、極限の図形とかを考える。平行線とは、交わっている二本の動直線がついに交わらなくなろうとしている極限の位置でもあるわけだ。

A君　こういう平行線から先生の話が始まったのでしたね。

老生　そのとき私達はこの平行線というのが曲がって見えるからおかしいとか、直線とはいったい何か、とかそのほかいろいろの疑問点にぶつかって、ではユークリッドの『原論』では、ということになった。

4　非ユークリッド幾何への接近

老生　そこで『原論』はこのくらいにして出発点の話題にもどろう。

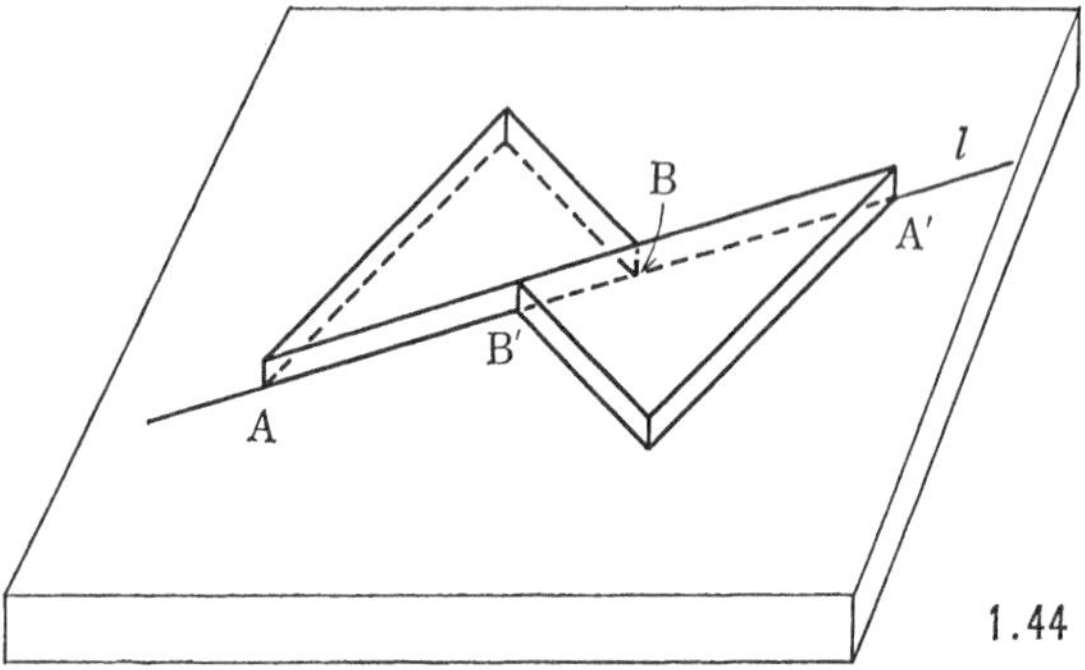

1.44

『原論』を読みながらこんなことを考えたね。望遠鏡のレンズ磨きの要領でガラスの塊を根気よく磨り合わせると、ガラスの平面板ができて、おまけにガラスの面にすき間なくピッタリ合わさって面上を自由に移動する三角定規もでき、この三角定規同士をピッタリ寄せてずらせば面上にまっすぐな線ができるということだった（1.44図）。ガラスや石を磨り合わせることは手段として手の触覚を使うわけだから、こういうやり方で作った平面やまっすぐな線などを触覚的平面とか触覚的直線とかいったらいいのじゃないかと思う。

A君　そうしますと普通目で見て平らだとかまっすぐだとか考えるのは視覚的平面とか視覚的直線というわけですね。

老生　そういうわけだ。ユークリッドのように、各点で一様に横たわっている、という感覚は、一望のもとに見渡すという感じではないから、触覚的な直線や平面だし、我々が現在考えている直線や平面は無限に広がったものとして捉えているから、視覚的な直線、平面だろう。これが古代ギリシア人の認識と現代人の認識との間の大きな違いの一つではないかという気がする。

A君　そうしますと、いままでの平行線や直線に対する謎が触覚空間と視覚空間の考えの違いで解けるというのでしょうか。

老生　解けるかどうかは先のこととして、まあ平行線についていろいろな考え方を並べてみよう。

直線外の一点を通ってこれと平行な直線はただ一つしかない、というのは、ユークリッドは公準、即ち仮定とか約束とかと考えた。ところがその後の人達は長い間、仮定ではなくて真実だと固く信じていた。しかしそうはいうものの、真実ならば真実としてそれなら何とかしてその真実であることを証明したいという、切なる欲望がでてくる。この欲望を満たそうとあらゆる努力が払われてきたのだが、どうしても証明できない。十九世紀の初めまではね。それでもボツボツ真実であることを疑う人達も現れてきた。つ

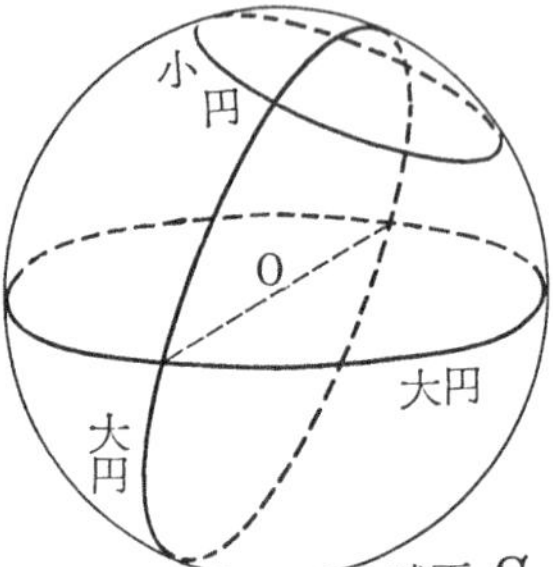

球面 S　1.45

まり意見が次のように三つに分かれたわけだ。
直線外の点を通ってこれと平行な直線が、ただ一つ引けるということは
(i)　ユークリッド曰く、公準、即ち仮定にすぎない――公理主義派
(ii)　曰く、当然である。ただ残念なことに証明は見つかっていない――確信派
(iii)　曰く、あやしいフシもある――懐疑派
我々は(iii)の懐疑派に属することになるだろうが、前に考えた図が「あやしいフシ」の本当の根拠といえるかどうか考えてみよう。それには一つモデルを作って、本当におかしいのかどうか調べてみるのがいい。
A君　モデルというと模型を作るのですか。
老生　模型は模型だが観念的模型でね。数学的に作るのだ。それで話をわかりやすくするために地球を完全な球だとしておこう（1.45図）。すると地球の中心Oを通る平面で地球を切ったとき、切り口の円は球面で一番大きい円だ

から大円という。赤道だとか、子午線などは大円だが、三十八度線などという緯線は円だけれども大円ではないから、小円だ。

A君　大円は球面で二点間を結ぶ一番短い線ですね。だから地球上で直線に相当する線といえば大円より他ないわけですね。

老生　そう考えた方が我々にはわかりやすいね。しかし曲線の長さはどうして測るか、ということになると微積分の問題になるし、むずかしい。だから一番短い線などといわずに、もっと幾何学的なおもしろい考え方を使おう。それには私達が今まで考えてきたレンズ磨きの操作を活用する。

まず平面***E***を作ったときのレンズ磨きの要領で今度は球面***S***を作ってみる。この方が二個のガラスの塊を磨り合わせるだけですむからずっと簡単だ。そうして平面ガラス上でガラスの三角定規を作ったのと同じように、今度は球面***S***にピッタリくっついて***S***上を自由に滑る三角定規の形を

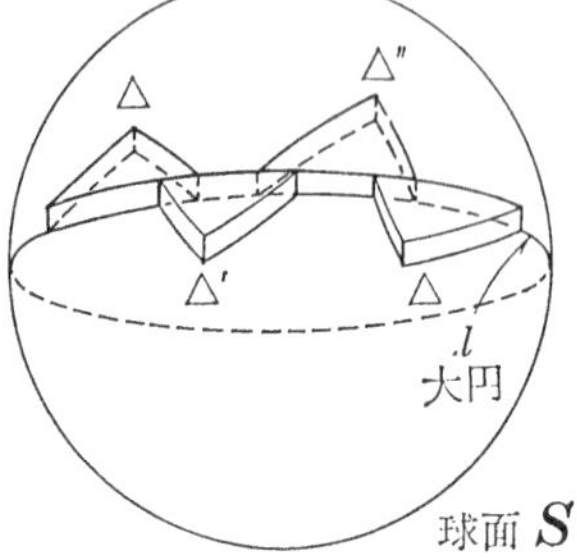

1.46

したガラスの塊を三個作る（1.46図）。この三角形の底辺AB, A′B′, A″B″を順繰りに磨り合わせて、しまいにこの三つの辺が互いにピッタリ合わさるようにすると、△の辺ABを△′とか△″を使って延長した線lは、ガラス平面$\boldsymbol{E}$上の直線lと同様$\boldsymbol{S}$の至るところで一様に横たわることになるはずだ。このlが正しく球面$\boldsymbol{S}$の大円になる。

A君　そうしますと大円lは触覚球面$\boldsymbol{S}$上の触覚直線ということになりますね。

老生　正にそのとおり。だから、球面上ではまったく平面上と同じようにまっすぐな線ができるし、また△を球面$\boldsymbol{S}$上でずらしていけば△上の線分はそのまま$\boldsymbol{S}$上のほかの部分へもっていけるから、直線とほとんど区別がつかない。だから君が前に指摘したように、一様に横たわるなんて言葉だけで直線を定義しても、直線のチャンとした定義にはならないことは確かなんだ。

A君　そうしますとユークリッドは触覚直線や触覚平面の定義だけをやって、これを直線や平面の定義だと思い込ん

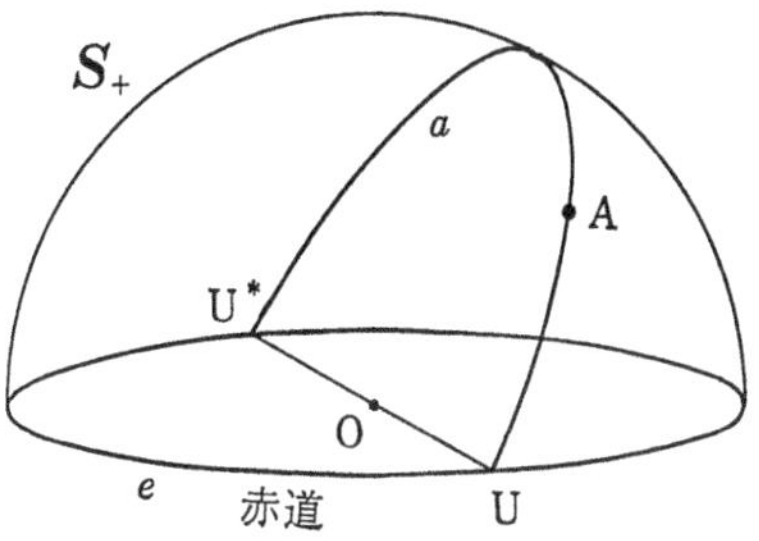

1.47

でいたことになりますね。『原論』も不十分な点があるんですね。

老生　いや、直線や平面の定義はあとの平行線の公準のときに補っているから、この点はいいんだ。

それでここではともかくこの球面を利用してモデルを作ろうというのだが、この球面——いや地球といった方がいいかな——この地球$\boldsymbol{S}$全体を考えてしまうと大円を直線とみなすのは無理だから、——何故かというと大円はいつも二点で交わるから、直線の概念に反する——まず世界を北半球だけに制限して（1.47図)、おまけに北半球とはいっても赤道eを除いた本当の北半球$\boldsymbol{S}_+$を「平面」と見たて、赤道上の点は全部$\boldsymbol{S}_+$の無限遠だと思ってしまう。そうして大円も、北半球$\boldsymbol{S}_+$に切りとられた部分の半円を「直線」とみなすことにする。そうすると「直線」aは赤道上でU、U^*というような、地球の中心Oに対して対称的になっているいわゆる対心点U、U^*を両端とする半円だから、これを（U^*U）とか、a上の一点Aを入れて（U^*AU）と

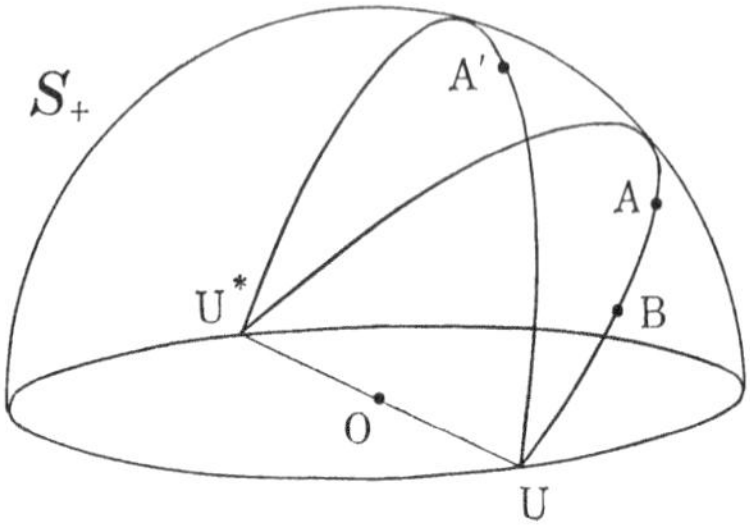

1.48

か書き表す。もちろんU、U^*はこの直線（U^*U）の無限遠点だね。そうするとどうなると思う?

A君　大体普通の平面そっくりですね。例えば二点A、Bを通る「直線」を求めるにはA、Bと中心Oを通る平面で北半球S_+を切ってみればいいですし（1.48図）、「平行線」というのは赤道上の同じ対心点U、U^*を両端とする二つの半円（U^*AU），（$U^*A'U$）だと考えれば、直線（U^*AU）上にない点A′を通る「直線」は（$U^*A'U$）にきまっていることもすぐわかります。

老生　平行線が二つの反対の無限遠点U、U^*に向かって集中することもわかるし……。

A君　平行線（U^*AU），（$U^*A'U$）は曲がったなりに同じ形をしていますしね。

老生　だとすれば前に円の中へ平行線まがいの図を無理に描いて、平行線なんてものはおかしな存在じゃないか、と騒いだのは、ちょっと的はずれだったようでもあるね。

（1.49図）

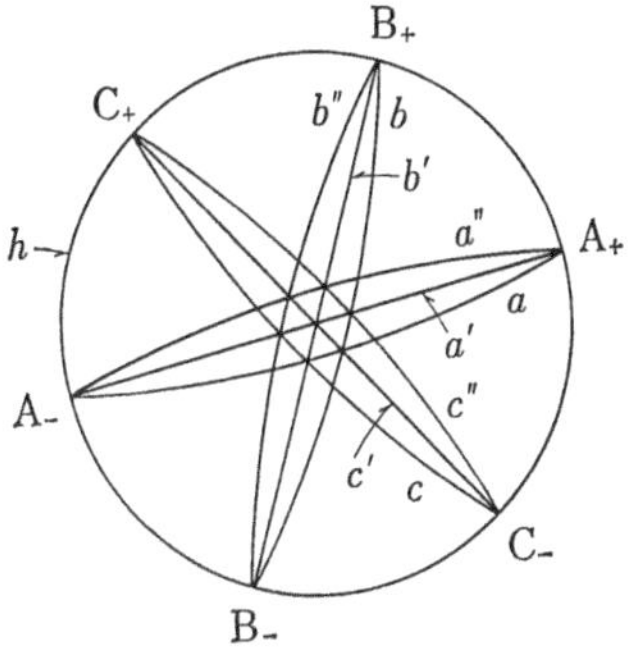

1.49

A君　ということは、我々はもはや懐疑派ではなくなったということですか。

老生　いやまだそこまではいっていないよ。今のは平行線が存在してもおかしくはない、という例にすぎないのだからね。

A君　では次は何をする番ですか。

老生　平行線が「ちょうど一本存在しても」おかしくない例を作ったから、今度は平行線が「ちょうど二本存在しても」おかしくない例を作ろうじゃないか。

5　非ユークリッド幾何のモデル？

老生　前の思考実験では理想的な平面上に立って平行線 a、a'を眺めたとき、a、a'は＋方向の無限遠でも－方向の無限遠でも次第に接近していく（1.7図）のはおかしいではないか、ということだった。ところで1.43図で考えた

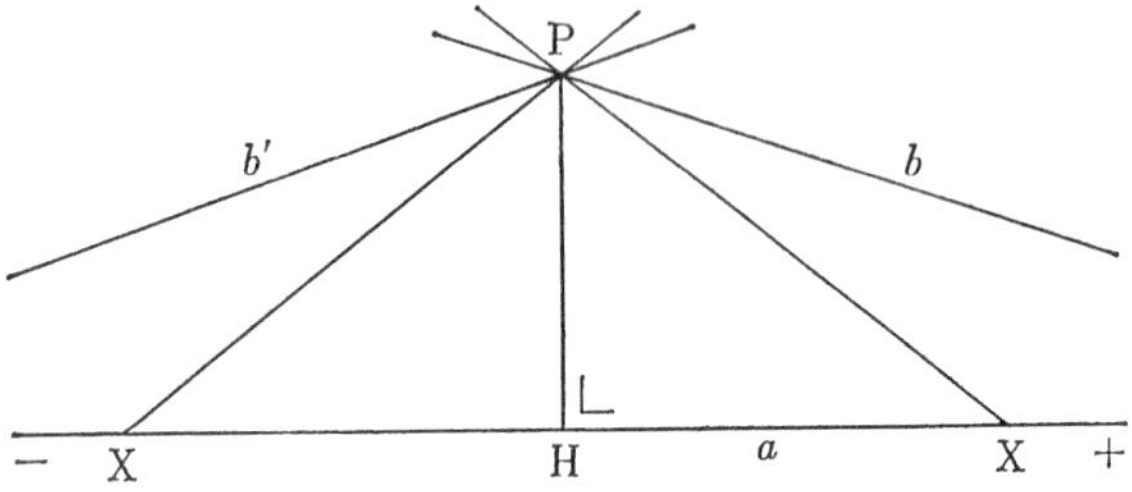

1.50

ところによると、直線a上に動点Xをとって、Xを例えばaの＋の無限遠へ追いやったとき、定点Pと動点Xを結ぶ直線PXの極限の位置bが、Pからaの＋方向に引いた平行線だとしてよかった。動点Xをaの－方向の無限遠に追いやったときの極限b'もbと実は一致する、ということがユークリッドの平行線の公準だったわけだ。

そこで今度は思い切り大胆に、「この二つの平行線bとb'が一致しない」と仮定したらどうだろう。つまりPを通ってaの＋方向に引いた平行線bと－方向に引いた平行線b'がPのところで一致せずに交わってしまう、と考えるのだが（1.50図）、前と同じように思考実験をやってごらん。

A君　立っているところをOとし、Oを通って直線aを引きますと（1.51図）、aの＋の方向に平行な直線a'、a''、……はみんなaの＋方向の無限遠点A_+に集中するように見えます。そのうちの一つa'をとって、a'上をA_+と反対方向へ進みますと、a'のこの方向の無限遠点A'_-はA_-とは違いますから、直線a'はaからどんどん遠ざかっていきます。

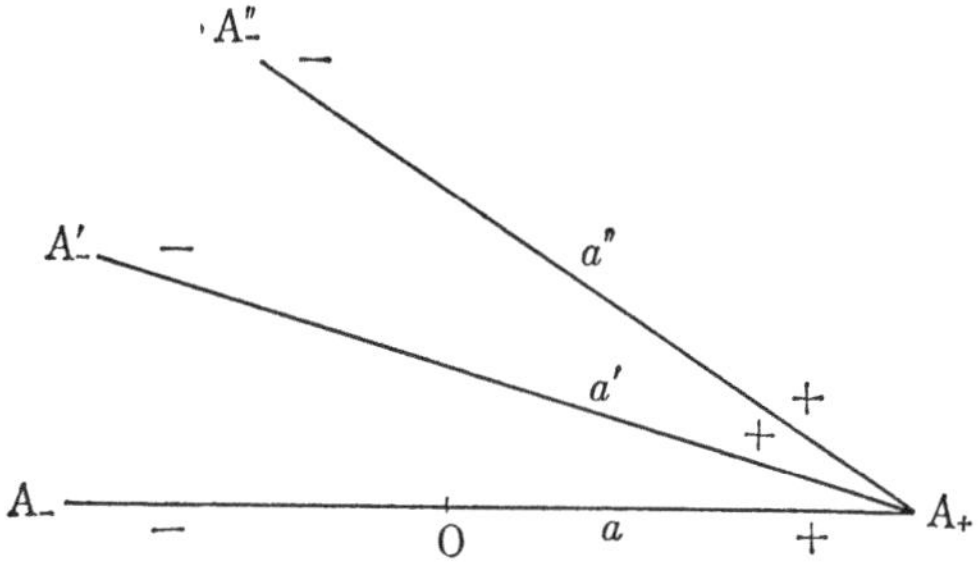

1.51

老生　無限遠点全体はどんな図になるかい。

A君　直線aをOを通ったままグルグル回転させますと、aの無限遠点A_+とA_-は円形を描いて進み、百八十度回転したときはA_+とA_-が入れ換わって、結局無限遠点全体は前と同じように円形になります。(1.52図)

老生　そうすると円の内部が世界になることは前と同じだが、aに平行な直線a'がA_+とA_-の二点を結んだ直線に見えるということがない(1.53図)。だから平行線は互いに曲がって見える、なんて変なことがなくて、この方がずっと自然じゃないか。つまりモデルとしてはだね、円周上の点は全部、相異なる無限遠点とする。そして円の弦aを「直線」と見なせば、弦の両端U、Vは相異なる無限遠点となるわけだ(1.54図)。a上にない点Pを通る平行線は図でちょうど(V′U)、(U′V)の二本ある。

A君　平行線の向きが大事なようですね。

老生　図の横に書いたとおり。これが非ユークリッド幾何のモデルの基になるわけだ。

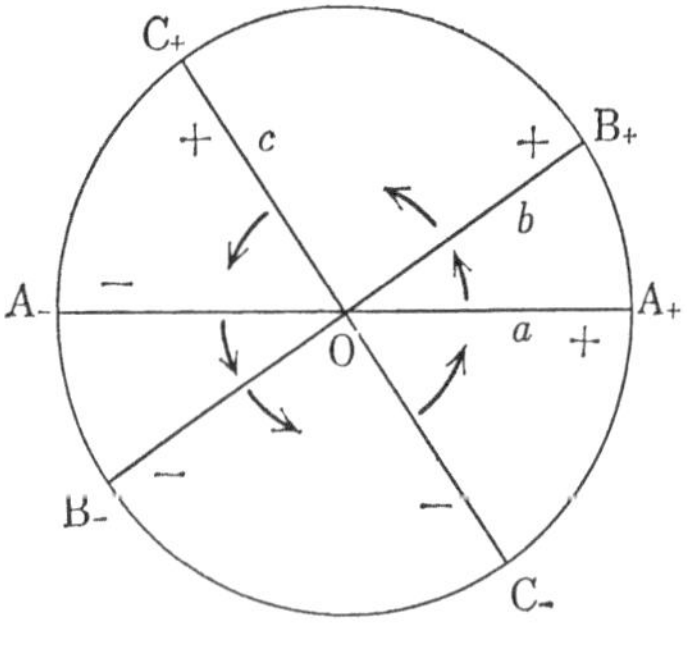

1.52

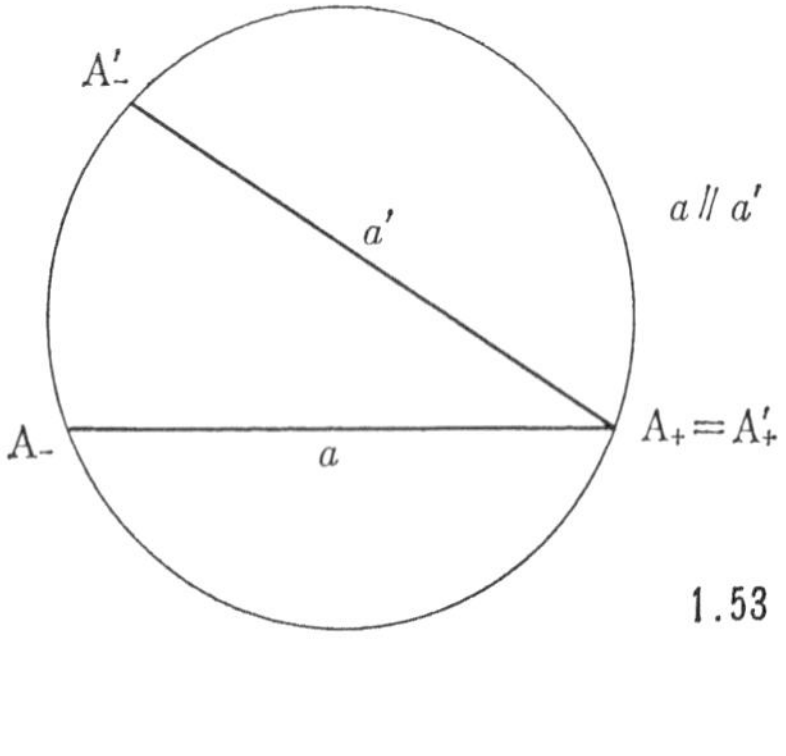

1.53

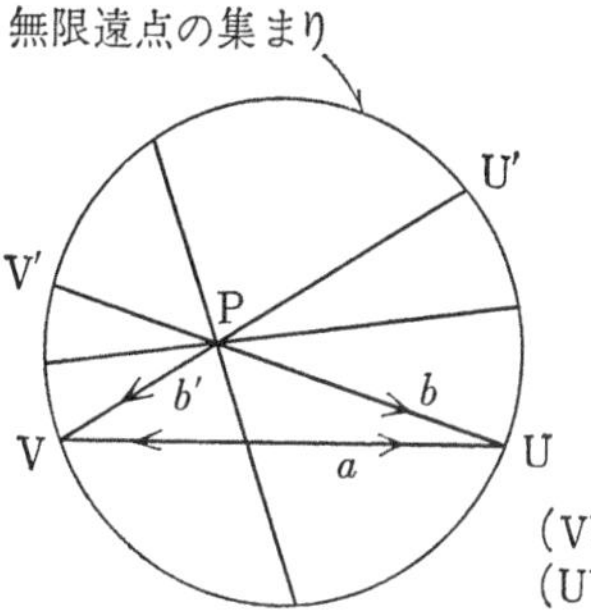

1.54

(VU) ∥ (V′U), (UV) ∦ (UV′)
(UV) ∥ (U′V), (VU) ∦ (VU′)

A君　このモデルのように直線上に無限遠点を考えた場合は平行線が二本引けた方が自然のように見えますが、ごく普通に考えると直線 a 外の点Pを通って a に平行な直線が一本しかない方が、やっぱり当然のような気がします。

老生　つまり狭い場所でばかり見ているとユークリッド的が自然だが、目を無限の遠方まで向けて広く見ると、ユークリッド的でない、非ユークリッド的の方が自然だというわけだね。宇宙もせいぜい太陽系辺りまでだとニュートンやカントが考えていたようにユークリッド幾何で間に合うが、銀河系、いや我々の銀河系より遥かに遠い空間を研究するときは、非ユークリッド的にならざるを得ないのかも知れない。

A君　非ユークリッド幾何というのはスケールの大きな幾何なんですね。

老生　非ユークリッド幾何は宇宙の解明から起こった幾何ではないが、この幾何を発見した人達はいい合わせたように天文学に興味をもっていたようだ。それにしても科学が発達して我々の眼界が広がってゆくにつれて、今まではただの好奇心や研究心から探究していった学問が、実際問題の解明に大いに役立つことがあるのはおもしろい。非ユークリッド幾何の発見はその典型的な一つだ。

では非ユークリッド幾何発見の歴史を簡単に話してみよう。

第2部

非ユークリッド幾何の発見

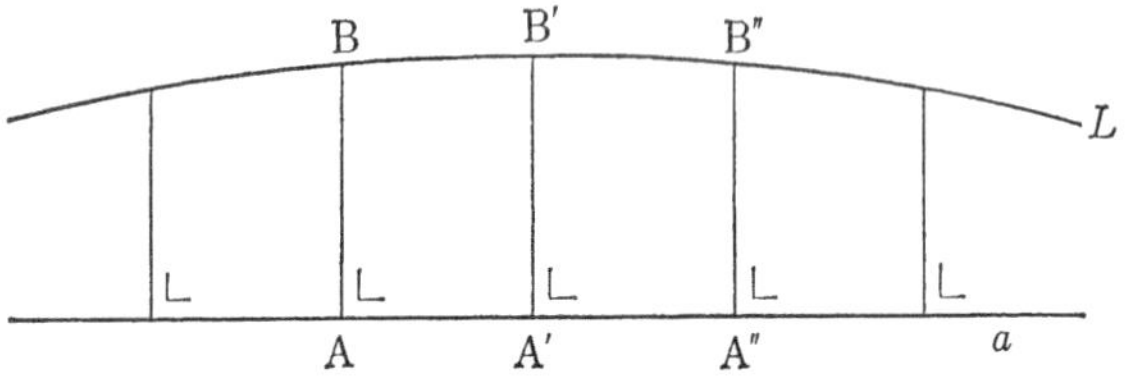

2.1

1　碩学《せきがく》ルジャンドルの功績

老生　これからは平行線の公準といわないで、平行線の公理ということにしよう。

ところでユークリッドの平行線の公理を証明したいという欲望は大昔からあったのだが、証明の試みのなかで一番初歩的なのは「平行線間の距離が等しい」とか、逆に「直線 a までの距離BA，B′A′，B″A″，……が等しい点B、B′、B″、……の軌跡 L は直線である」とかを使うのだがね（2.1図）。こういう直線の性質は平行線の公理よりもっと複雑なものだから、さすがに証明とはいえない、というのが早くからわかっていたらしい。

本格的な研究が始まったのは一七〇〇年代になってからだ。証明は平行線の公理を否定して、直線外の一点を通ってこれと平行な直線が二本引けると仮定したら、どんな矛盾が起こるか、を調べることになるが、これを初めて精密に研究した人にイタリアのサッケーリ（一六六七―一七三三）やドイツのランベルト（一七二八―一七七七）がある。しかしこの人達の研究は非ユークリッド幾何が発見されてから広く知られるようになったので、新幾何の発見に直接なり間接なりにどれだけ寄与したのか、よくわからない。だからここではただ二人の名前を挙げるだけにしておこう。そこで次に名を挙げておかなければならないのは、非ユークリッド幾何の発見に割の悪い、しかし大きな貢献をしたルジャンドルだろう。

A君　変な貢献ですね。

老生　ルジャンドル（一七五二―一八三三）はフランスでは、ラグランジュ（一七三六―一八一三）、ラプラス（一七四九―一八二七）に次ぐ有数な数学者で、その整数論、楕円関数論などの研究は最高レベルに達していたもので、殊に幾何学に関しては『幾何学の原理』という本が、数学の権威が書いたものだから圧倒的な人気を呼んで、広く教科書として読まれていた。

A君　ユークリッドの『原論』もまだ読まれていたそうですね。

老生　しかし『原論』はなかなかむずかしいからね。それにルジャンドルの本には改訂しているうちに平行線の公理の証明まで載せるようになったので、のちのちまで有名だ。

A君　証明などできないわけなんでしょう。

老生　ルジャンドルは一八三三年に死ぬまで平行線の公理は正しいと信じて、いろいろな証明をやっていたのだよ。前の分類でいうと「確信派」だ。しかし結論はもちろん間違っていたが、途中でいろいろおもしろいことを出しているので、まるで無駄をやっているわけではない。例えば

サッケーリ・ルジャンドルの第一定理　平行線の公理がないと、三角形の内角の和は二直角に等しいか、または二直角より小さいことになる。しかし決して二直

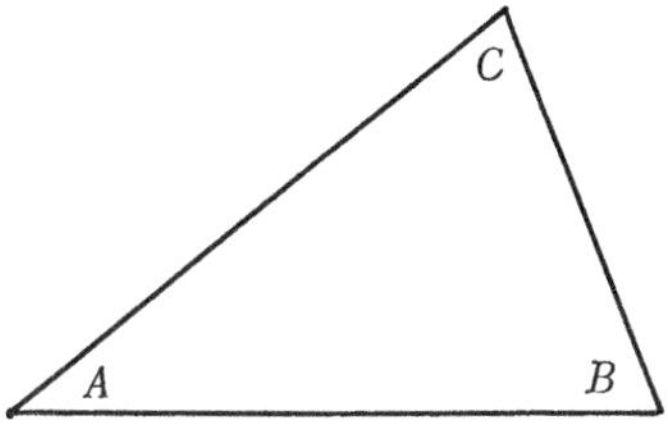

2.2

角より大きくはならない。(2.2図)

この証明がおもしろいのだが、証明はまとめて第3部でやることにしているから、そのときまで待って欲しい。(補講1)

A君　楽しみにしています。

老生　第一定理と関連して

サッケーリ・ルジャンドルの第二定理　内角の和がちょうど二直角になる三角形が一個でもあれば、どの三角形の内角の和も二直角になる。同じことで内角の和が二直角より小さい三角形が一個でもあれば、どの三角形の内角の和も二直角より小さい。

という定理もおもしろい。この定理は二つとも、前に名前だけ挙げたサッケーリがとっくに証明していたのだけれども、ルジャンドルはそんなことを知らなかったし、この定理を世に初めて広めたのもルジャンドルなので、サッケーリ・ルジャンドルの定理といっている。

それはそれとして、このルジャンドルというのは気の毒といえば気の毒な人で、せっかくの整数論も楕円関数論もすぐあとから追って来た若いガウスにたちまち時代遅れにされてしまった。『幾何学の原理』もやっぱり同じ結果になった。

しかし平行線の問題は古い問題だが、これを新しく蒸し返して若い人に問題の所在を注目させ、結局自分では新しい道を開くことに成功しなかったけれども他の何人かに非ユークリッド幾何発見のきっかけを与えた功績は大きい。これを僕は割の悪い貢献といったわけだ。

2 数学の王者ガウス

老生 では本論に入って、実際に非ユークリッド幾何を発見した三人の人達の話をしよう。その最初はガウス。カール・フリードリヒ・ガウス（一七七七―一八五五）はドイツのブラウンシュヴァイクに生まれた。晩年、私は口もきけないうちから計算ができた、と冗談をいっていたくらいで、誰にも教わらないうちにいつの間にか計算ができるようになっていて、三歳のとき、煉瓦職人だった父親の勘定違いを教えてビックリさせたという。アルファベットなどもやっぱりいつの間にか覚えてしまったという、大変な神童だった。

七歳のとき小学校へ入って、初めの二年間は何事もなかったが、三年目に算数のクラスに入ることになった。そのある日のこと、ガウスにとって将来を決める大きな事件が起こった。それは先生がクラスの生徒に1＋2＋3＋4＋……＋100を計算しなさい、という問題を出した。

A君　1から100までじゃ大変ですね。

老生　するとガウスは即座に自分の石盤に答えを書いて、「できた」といって先生の側にあるテーブルの上へおいた。

A君　石盤というのは何ですか。

老生　君達は知らないんだね。黒板にチョークで字を書いて黒板ふきで消せば、何べんでも書いたり消したりできるだろう。石盤というのはミニ黒板で、薄い石の板なんだよ。チョーク代わりに蠟石《ろうせき》という、滑らかな石の棒で書いたり消したりできるんだ。僕なんかも小学校へ入ったばかりのときは盛んに使ったもんだ。

A君　経済的なんですね。

老生　日本も昔は貧しかったからね——ガウスのクラスでは、答えが出た者順に石盤を重ねていくことになっていたのだが、ほかの連中はなかなかできない。ガウスはそれをおとなしく待っていたのだが、答えがそろそろ集まってきたところで先生、ガウスの石盤を見ると、驚いたことにちゃんと正しい答えが書いてある。余り意外なのでどうしてそんなに早く答えが出せたか問いただしてみると、

$$\begin{array}{r} 1+2+3+\cdots\cdots+49+50 \\ +)\ 100+99+98+\cdots\cdots+52+51 \\ \hline 101+101+101+\cdots\cdots+101+101=101\times50=5050 \end{array}$$

というようなやり方で計算したのだという。

A君　ガウスはその場で考えついたのでしょうか。

老生　前に自分で考えたことがあるのかも知れないね。しかしこの話はガウスも自慢だったらしい。これには先生もすっかり参って、以後ガウスだけはクラスで別あつかい。それにガウスの父親は貧しい職人だったし、先生はポケット・マネーで特別に算数の教科書を取り寄せてやったりしたようだ。ガウスはこの教科書もたちまち消化してしまい、先生のビュットナーはまったくお手上げの状態になってしまった。

ところがちょうどいいあんばいに、同じブラウンシュヴァイク生まれのバルテルス（一七六九―一八三六）という

数学の王者ガウス

青年が現れた。この青年はビュッテナー先生の助手の役をしていた人だが、これがなかなか向学心に燃えていて、ガウスとすっかり仲良しになり、いっしょに数学の勉強をはじめた。バルテルスは後に運命の不思議な巡り合わせで非ユークリッド幾何の発見者の一人になったロバチェフスキーの先生にもなった人だが、ガウスは七歳ばかり年上のこの青年といっしょに勉強しているうち、十一歳のときには二項定理の証明までやってのけ、解析学の極意の一つを自得した。

A君　二項定理というのは

$$(a+b)^n=a^n+na^{n-1}b+\frac{n(n-1)}{1\cdot 2}a^{n-2}b^2+\cdots\cdots+nab^{n-1}+b^n$$

でしょう。どこが問題なんですか。

老生　うん、それが元来の二項定理だが、一般には n は整数とは限らず、次のような場合には

$$(1+x)^n=1+nx+\frac{n(n-1)}{1\cdot 2}x^2+\cdots\cdots$$

という式で n が $\frac{1}{2}$ だと

$$(1+x)^{\frac{1}{2}}=\sqrt{1+x}=1+\frac{1}{2}x-\frac{1}{8}x^2+\cdots\cdots$$

となったり、$n=-1$ なら

$$(1+x)^{-1}=\frac{1}{1+x}=1-x+x^2-x^3+x^4-\cdots\cdots$$

となったりする。x の無限のベキ級数になるんだね。こういうときは、x はどんな値をとってもいいというわけじゃあない、x は $-1<x<+1$ でないとこの式は成り立たない。そういった面倒なベキ級数の収束の問題が起こるのだが、それまでの数学では、これがまるであいまいだった。これを十一歳の少年が独力で初めて厳密に証明したんだよ、君。

A君　シャーロック・ホームズにも似た話がありましたね。

老生　おや、君はホームズなんか知っているのかい。あれはホームズの恐るべきライバルのモリアーティが学生のときに二項定理の論文を書いた数学の天才だ、という話だろう。あれはコナン・ドイルがどこかでガウスの話をききかじってきて、読者を煙にまこうとしたのかも知れないね。

　とにかく、まだ級数の収束なんてことがわからなかった時代なんだからね。十一歳のときガウスはすでに前人未踏の境地に足を踏み入れていたわけだ。そんなわけでガウスの神童ぶりというか、天才は知れ渡って、それにバルテルスの献身的な努力も手伝って、とうとうガウスはブラウンシュヴァイク公国の領主フェルディナント公の絶大な庇護《ひご》を受けるようになった。そして十五歳のとき、カロリナ高校へ入れてもらったが、ガウスはそこでラテン語やギリシア語などの古典語を学ぶことになり、語学の天才でもあったガウスはこれにも夢中になって、将来はこの方面の研究に身をゆだねようと思ったこともあるらしい。しかし計算は相変わらずうまいし、いろいろ数字をいじっているうち、整数の間のおもしろい関係をいろいろ独りで見つけたりして、数学から離れたわけではなかった。そうこうする

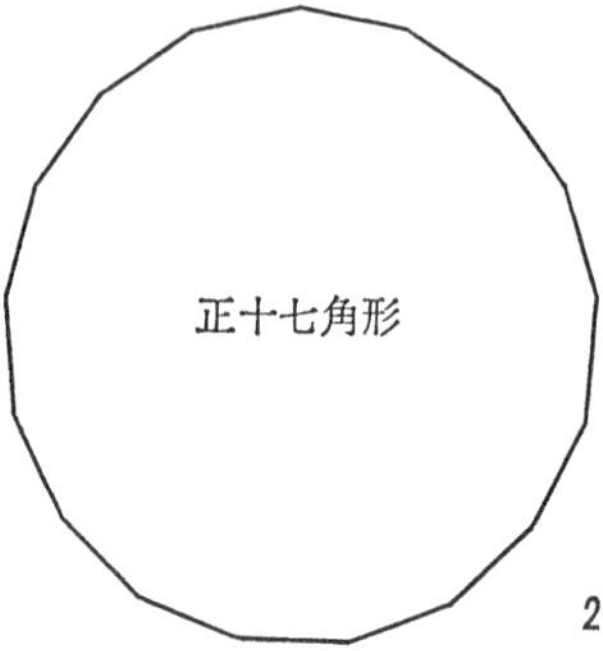

2.3

うち、十八歳のとき、彼はゲッティンゲン大学へ入学することになったが、まだ言語学をやるか数学に専念するか決まらなかった。

ところが、ガウスの想い出によるとその翌年、十九歳の誕生日を迎える一ヵ月前の三月二十九日（ガウスの日記では三十日になっている）の朝、まだ床の中でいつものように数学を一所懸命考えているうち、正十七角形（2.3図）が定規とコンパスで作図できる、というすばらしい定理を発見した。

A君　正十七角形が作図できるというのがすばらしいことなんですか。

老生　そんな質問をされると張り合いが抜けてガッカリしてしまうよ。

A君　どうもすみません。初等幾何に弱いものですから。

老生　ユークリッドの『原論』では、最初に正三角形の作図があって、それからずうっとあとで正五角形の作図がやってある。それ以上の素数は正七角形も正十一角形も作図できそうもなかったんだよ。だから正十七角形が作図できるなんて、夢にも考えた人はなかったろう。

A君　しかしガウスは何だってそんな作図問題など考えていたんですか。

老生　作図問題ではなくて、方程式

＊　$x^n=1$

を解くという、整数論に関係のある問題を考えていたわけなんだ。このときのガウスの考え方がすばらしくて、後にアーベルだとかガロアの群論の発見につながるのだが、ガウスの発見というのは、nが素数の場合はnが$2^{2^k}+1$という形のときだけ、＊の式が平方根の計算だけで解けるというのだ。それを幾何学的に解釈すると、nがこういう形の素数のとき、正n角形が定規とコンパスで作図できる、ということになるのだよ。

A君　kに０、１、２、３、……を入れると

$2^{2^0}+1=2+1=3$, $2^{2^1}+1=4+1=5$, $2^{2^2}+1=2^4+1=16+1=17$, $2^{2^3}+1=2^8+1=256+1=257$, ……

となりますね。17が入っていますね。だから正十七角形が作図できるのですね。正二百五十七角形はどうなんですか。

老生　257も素数だから、もちろん作図できる。しかしユークリッドの昔から正 n 角形で作図できるのは n が奇数のときは3、5、15だけだったから、素数の正十七角形が作図できるなど思いもよらなかった。だから正十七角形が定規とコンパスで作図できるというのはセンセーションだったのだ。二百五十七角形じゃ数が大き過ぎて、驚きようがないやね。うまいところに運よく17という数があったものだ。

　この発見は教授達を驚かしたが、ガウスもこれで決心がついて、数学に専念するようになり、その後間もなく＊の解法の理論を含む『整数論』という、それこそ数学界をゆるがすような画期的な大論文を書いた。印刷に手間どってようやく一八〇一年にこれが発表されると、当時はフランスの数学がヨーロッパ一だったが——ということは世界一といっても同じだが——フランスの第一流の数学者のラグランジュ、ラプラス、ルジャンドルなどがまったく驚嘆し、ガウスは一躍、第一流の数学者になった。

A君　一八〇一年といいますと、ガウスはまだ二十四歳ですね。

老生　ところがちょうどこの年、ガウスの名をさらに一段とポピュラーにする事件が起こった。それは一八〇一年の一月一日にイタリアのピアッツィという天文学者が彗星と覚しき小さな天体を発見したが、すぐ姿を消してしまった。ところが天文学者の意見ではこれこそ例のボーデの法則から予想される小遊星かも知れないというので、皆必死になってその跡を探したが、軌道の計算法がいい加減だった当時だから、なかなか見つからない。これを知ったガウスは万事を放擲《ほうてき》して、早速ピアッツィが測定したわずかの観測値から自分の発案した方法で軌道を計算した。するとピアッツィによって史上最初に発見されたこの小遊星セレスは同じ年の十二月、計算したとおりの位置で再発見された。

A君　すごいですね。

老生　ガウスは得意のスピーディーな計算で、子供のときに発案した最小自乗法など使いながら、ニュートンの万有引力の法則だけを頼りに計算したわけだ。ガウスの方法はその後もそのまま使われていたという。

こんなわけでガウスは純粋数学ばかりでなく、天文学者としても一流であると折り紙がつけられることになった。日記ではないが別のノートに次のようなことが書いてあるのが残っている。(セレスは準惑星、パラスは小遊星の名前)

一八〇一・一・一　　セレス発見
一八〇三・二・一九　パラス再発見
一八〇二・三・二八　パラス発見

一七九六・三・三〇　正十七角形の作図
一七七七・四・三〇　誕生日
一八〇一・一二・七　セレス再発見

A君　ガウスは記録狂ですね。

老生　狂でもないが貴重な記録だね。ガウスは要所要所はチャンと書きとめてあって、まるで自分の死後に起こることを見通したようだ。だけど、誕生日と小遊星の再発見など並べて書いてあるところは可愛いね。

3　ガウスとW・ボヤイとの出会い

老生　まあとにかくこういうことでガウスは一八〇七年、三十歳のとき、ゲッティンゲン大学の教授に任命され、天文台長を兼任することになった。しかし台長といっても台長としての職務のほかに自分でも観測をやり、天文学的数字の計算をやる一方、家計を助けるため国土の測量まで引き受け、そのため地球の形状の決定というようなとてつもない広範囲の仕事もやるのだから大変だ。だがこの測地学の問題がきっかけで書き上げた『曲面の一般研究』(一八一七年)が、またまた画期的なんだよ。

A君　先生、それがガウスの非ユークリッド幾何なんですね。

老生　いや、非ユークリッドじゃないが、それと大いに関係がある。実は曲面論に入る前にガウスが非ユークリッド幾何を考えていた話をしておかなくてはいけなかったのだが、ガウスの天才ぶりを話すのにすっかり気をとられてしまっていたよ。——ガウスは幼いときから計算が得意で、数の魅力にとりつかれていたから、初めは幾何に興味がなかったようだが、いつとはなしに平行線の問題に強い関心をもつようになって、例の日記には一七九九年記入の九十九番目に

幾何の原理に抜群の進展あり　九月

と記している。「抜群」とはギリシア語から来たラテン語を直訳したのでちょっとおかしい感じだが、ガウスの好きな言葉らしい。

A君　日記にはそれだけしか書いてないんですか。

老生　ガウスの心覚えだからね。ただ、これもまだ君に話してなかったので、話が昔へ昔へと逆もどりで申し訳ないが、ガウスがゲッティンゲン大学へ入学したとき、ヴォルフガング・ボヤイという二歳年上のハンガリー生まれの青年が同時に入学した。

A君　あとで非ユークリッド幾何を発見した人ですね。

老生　非ユークリッドはヨーハン・ボヤイでヴォルフガングはその父親なんだよ。この二人のことはあとでまとめて話すつもりだったのだが、ガウスの係り合いでどうもそういうわけにいかなくなったね。ではヴォルフガングの方をW・ボヤイということにして二人の話をしよう。

A君　Wはヴォルフガングの頭文字？

老生　そう。このW・ボヤイも神童といわれた人で、国にいる頃から平行線の問題など考えていたようだが、ゲッティンゲンに来てしばらくたった頃、W・ボヤイとガウスがザイファという天文学の助教授の家で落ち合った。ところが初対面同士の二人の話に、近頃の数学の取り扱いがいい加減じゃないか、などというかにも青年らしい思い上がった意見が出て、二人は意気投合してしまい、その後間もなく二人が散歩中ヒョッコリ出会ったときは、陽気なボヤイが自分が今まで考えて来た幾何の原理、つまり平行線の問題など一人でしゃべりまくったらしい。するとガウスは大喜びで「あなたは天才です。お友達になりましょう」といって手をさし延べたという。W・ボヤイの述懐によると、ガウスは控え目で言葉少なく、数学上の発見を今までずいぶんとやっていたのだろうが、それを話すでもなく、よく二人は並んで黙りこくったまま、何時間も歩きまわっていたこともあったという。この無口な少年ガウスからどうしてあのときもっといろいろと話を引き出しておかなかったか、自分にその才覚のなかったことをあとになってずいぶん惜しんでいる。ただ一度、ガウスが石盤に正十七角形の計算を書いたものを記念にくれたとき、思いなしか嬉しそうだったという。

A君　W・ボヤイが平行線の証明の話をしたといいますが、そのときはまだガウスは幾何に興味がなかったんでしょうか。

老生　その辺はちょっとわからないがね――幾何の原理に抜群の進展あり、と日記につけたのはW・ボヤイがゲッテインゲンを去った三ヵ月ぐらい前の九月で、またその年の十二月にはW・ボヤイからの手紙にガウスは次のような返事を出している。

「……君とあんなにつき合っていながら、君から幾何の原理の研究をもっときいておかなかったのは本当に残念です。いろんな無駄骨を折らずにすんだことでしょうし、こんなにわからないことだらけだと知ったら、誰も同じでしょうが、もっと安心できたのだろうと思います。僕自身も自分の研究が大分進みました（もっとも、ほかのまったく異種な仕事の方に時間がとられましたが）。ただ私の通った道だと、君が到着したと保証している目的地へは着きそうもないし、むしろ疑問だと思っています。もちろん、いろんなことがわかってきましたが、それは普通には証明だとして通用するかも知れないが、私の目から見れば〝何も〟証明したことにはならないのです。例えば、いくらでも面積の大きい三角形が存在する、と仮定すれば、幾何が全部証明できます。普通にはこれを公理としたらよかろう、というが、私は『否』。いくら形の大きな三角形でも、面積は一定数より小さい、ということがあり得るのです。これと似かよった命題がいくつもあるが満足なものは一つもない。しかし君の証明は早く知りたいものです。証明といってももちろん君は大衆――このなかには腕ききの数学者だと思われているものがたくさんいます――この大衆から感謝を得ることはないでしょうね。私は近頃ますます確信していますが、本当の数学者の数は極《ご》く極《ご》く稀で、ほとんどの人は幾何の原理のような研究のむずかしさを、判断もできなければ、一度だって自分では理解できません。——しかしまた、君にとって真実貴重な判断をしてくれる人はみな、君に感謝することも確かです——」

A君　ガウスは控え目な人だった、とＷ・ボヤイは言ったそうですが、なかなか辛辣《しんらつ》ですね。

老生　辛辣だから控えているんだよ。——それでこの手紙からわかるように、ガウスはＷ・ボヤイと平行線の話は余りしてなかったらしいが、自分で考えてはいたようだ。しかしどういう機会から幾何も考えるようになったかは、はっきりとはわからないが、Ｗ・ボヤイがガウスと初めて親しくなったときはボヤイの方が幾何の話をもちかけたというのだし、ガウスはＷ・ボヤイの影響を受けて幾何に興味をもつようになったのではないか、という気もするね。

A君　それでW・ボヤイはガウスの今の手紙を読んで、すぐガウスに自分の研究を教えたのですか。

老生　W・ボヤイはガウスにおだてられたような、きびしく忠告されたような手紙を受けとって、自分がやった平行線の証明を考え直してみたのだろうね。やっとのことで、一八〇四年に、これなら大丈夫だろうと思う証明ができたので、これをガウスに送って、ともかく批評を乞うた。

するとガウスの返事がまずこんな具合だ。

ブラウンシュヴァイク　一八〇四・一一・二五

「……君の論文を非常におもしろく、また注意して通読して、君の徹底的な洞察力を楽しみました。君は私の空世辞は求めないといいわれましたが、これは私にとってもそうなのです。というのは君の考え方は私がかつてこの難問を解くときに試み、いまだに成功していないでいるのに非常によく似ているからです。君は私に正直な判断を隠さず述べてくれとのことなのでいい

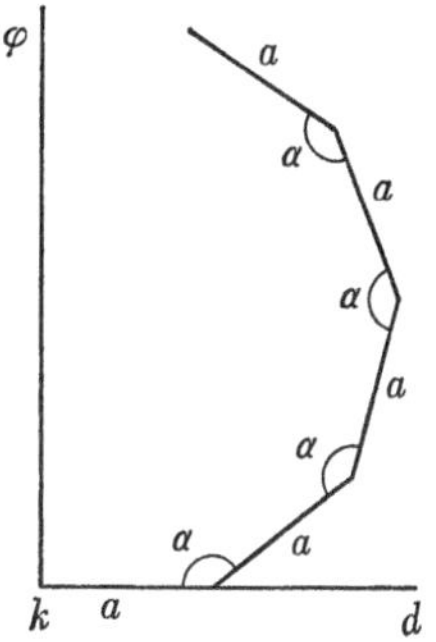

2.4

ますが、君の証明はまだ満足ではありません。証明の中にある障碍《しょうがい》物（これも私の試みがいつもしくじる暗礁の一つなのですが）、これをできるだけはっきり君にお見せしてみましょう。この暗礁は、私が生きている間にいつかは、乗り越えてみせようと、希望は今でも持っています。しかし私は今、目の前に雑多な用事がいっぱいあって、とてもこの問題を考える余裕がありません。ですから君が私より先に、すべての障碍を乗り切ってしまったら、どんなに嬉しいか、お察し下さい。そうなったら私は心から喜んで君の仕事を支持し、世の中に広めるために、力の及ぶ限りのことをいたしたいと思います。では早速本題に入りましょう」

ということでW・ボヤイの証明で致命的な一ヵ所を指摘する。それは2.4図で「aは皆同じ長さ、αは同じ大きさの角だとする」とW・ボヤイは「この折れ線は直線$k\varphi$と交わる」と主張するのだが、ガウスは「これが問題だ」と

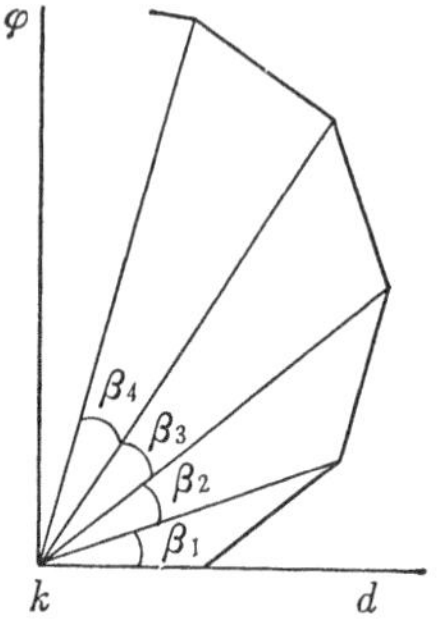

2.5

いうわけ。それはこの折れ線が直線$k\varphi$に「近づく」というところまではいい。だが2.5図でβ_1、β_2、β_3、……が「ある決まった大きさより大きい」ならば折れ線は$k\varphi$と交わるが、例えば、もしψという数が

$\psi<1$で、$\beta_2<\psi\beta_1$, $\beta_3<\psi\beta_2$, $\beta_4<\psi\beta_3$, ……

となっていたら、

$$\beta_1+\beta_2+\beta_3+\beta_4+\cdots\cdots<(\psi+\psi^2+\psi^3+\cdots\cdots)\beta=\frac{\psi\beta}{1-\psi}$$

となるから、「この角の和はいつも直角$dk\varphi$より小さいことがあり得る」というのだ。この証明がないからW・ボヤイの証明は不備だ、というのだった。

A君　W・ボヤイは解析の初歩も怪しい人ですね。

老生　我々だって、いつかは笑われるかも——しかし最後に

「君は私に正直な判断を希望したので、その通りにしました。もう一度繰り返しますが、君がすべての困難

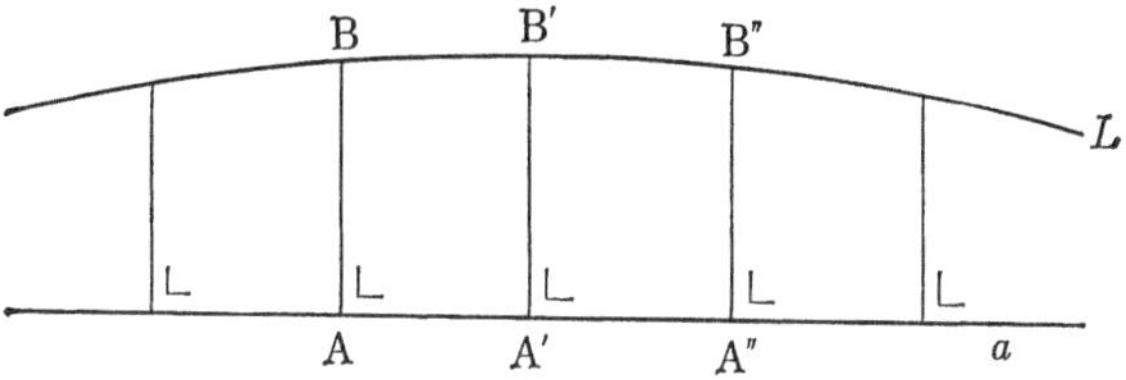

2.6

に打ち勝ったら、心から喜ぶことでしょう」

証明には欠点があったけれども、この手紙に勇気づけられたW・ボヤイは一八〇八年にもう一度証明をガウスに送ったが、ガウスは今度は返事を出さなかった。

A君　前と同じような証明だったんでしょうか。

老生　うん、この前のときと同じように「等距離線Lが直線である」（2.6図）という命題の証明らしきものだが、W・ボヤイの論文はゴタゴタしていてうんざりしてしまう。相変わらず初歩的な間違いをしているのではガウスも今度は勇気づける気にもならなかったんだろう。

A君　ではガウス自身の研究はどうだったんです。

4　ガウスの非ユークリッド幾何

老生　その頃はまだ消極的だったが、一八一六年頃になると平行線の公理は証明できないという積極的な考えになって来たようで、ルジャンドルの証明をきびしく批判している手紙も残っているし、「ゲッティンゲン学報」というのにも、ある人の論文を批評して、その頃の学会の雰囲気がわかるようなことをこういっている。

「数学の領域中、幾何学の原理の欠陥をつく平行線の基礎づけほど、数多く書かれているものはない。欠陥をうめようとする新しい試みがほとんど毎年のように現れるが、正直のところ、二千年前のユークリッドから実質的には一歩も前進していない。このようにまともな、あからさまな告白をすることの方が科学の尊厳のためにはふさわしいのであって、さもなければ徒《いたず》らに空虚な努力をして、欠陥をうめることもできず、根もない見掛け上の証明でこれを糊塗することになる」

というような書き出しで、この著者の見かけ上の証明を徹底的に批判しつくしている。

A君　相変わらずきびしいですね。

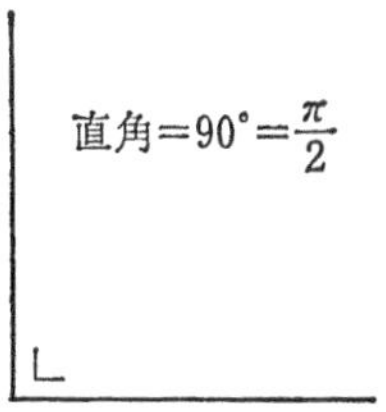

2.7

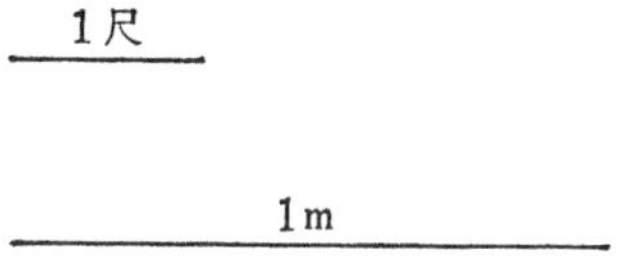

2.8

老生　この時点ではガウスは、「平行線の公理を否定すると線分には単位の長さCが定まってしまう」ということをしきりに言っている。

A君　それはどういう意味なのですか。

老生　ユークリッド幾何でも、角の大きさには直角（2.7図）というような定まった幾何学的の単位があるだろう。90°だとか$\pi/2$ラジアンだとかいうときの度とかラジアンのような単位でなく、90°即ち直角の大きさというものは決まった幾何学的意味をもつものだろう。ユークリッドの公準でも「直角は互いに等しい」としてあった。しかし線分だと1尺の長さの線分と1mの長さの線分と（2.8図）、どちらが長さの単位として幾何学的に重要かというような意味がまったくない。

A君　わかったような気がしますが、少しはっきりしません。

老生　では平行線の公理を否定した幾何があったとしよう。そうすると2.9図でAからaに平行線bを引くと、θ

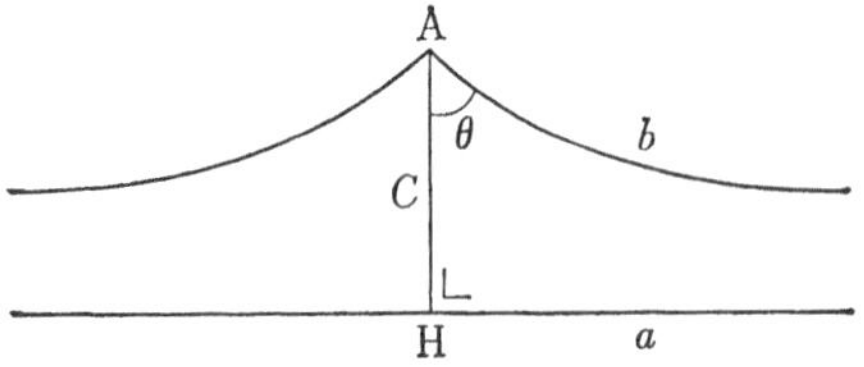

2.9

という角が決まる。つまり垂線の長さAH = Cに対してθという角が決まる。このθを平行線角というのだが、平行線角θはだから垂線AHの長さCの関数になる。しかもθはCが0に近づくと直角に近づき、Cが無限に大きくなっていくと、いくらでも0に近づくことがわかる。これをガウスは知っていたわけだ。すると例えば$\theta = 45°$となるようなC_0は一つ決まってしまう。だからC_0という長さはこの幾何ではちゃんとした幾何学的意味をもった大きさになるわけだ。垂線の長さがC_0以外の大きさだったらθも四十五度にはならないからね。

A君　やっとわかりかけました。

老生　まだほんとにはわからない？

A君　$\theta = 45°$のときC_0はどんな値になるんですか。

老生　そこなんだ、それが問題なんだよ。我々の宇宙でもし平行線の公理を否定した幾何、即ち非ユークリッド幾何が成り立つなら、このC_0が定まるはずなんだね。しかしそれが今どんな値か、と聞かれても現在測りようがない。現実に非ユークリッド幾何が成り立っているならC_0はいくら大きくても、ある有限の値だし、もし現実の世界がユークリッド的だったらC_0は無限大だ。しかし現実の世界が二つのうちのどちらか、ときかれても答えようがない。これがその当時、ガウスが考えていた非ユークリッド幾何の泣きどころだった。

平行線の公理を否定した幾何には長さにも絶対単位がある、というのは大変わかりにくいことだったので、ルジャンドルなどはこれを矛盾だと考えたようだ。ガウスは別に矛盾ではないという。何か押し問答のようだがね。

A君　むずかしくて、またわからなくなってきました。

老生　幾何学というものを余り現実的に考え過ぎたからなんだよ。

それで、いま説明したC_0は実はシュヴァイカルト（一七八〇―一八五九）という法律家がいい出した値で、この人は平行線の公理を否定した幾何を星界幾何と名づけて、ガウス同様の結論を出している。ガウスはこのことを昔の弟了のゲルリングからきき知って大変感心し、シュヴァイカルトによろしく伝えてくれと言っている。このC_0についてガウスがどう考えていたか、タウリヌスという人にあてた手紙が残っているのでこれを紹介しよう。

タウリヌス（一七九四―一八七四）はシュヴァイカルトの甥で、叔父にすすめられて星界幾何の研究を始めたが、この青年の出した結果はまるで反対に平行線の公理の証明だったとみえる。この論文を見たガウスの返事が、今言った手紙なのだ。ガウスの考え方がわかっておもしろい。

「十月三十日付の貴書簡並びに論文は大多数のいわゆる平行線理論の新証明と異なり、真に数学的精神の跡が認められますので興味深く拝見いたしました。しかしあなたの証明自身は不完全だとしか思われません。しかし三角形の内角の和が180°より大きくない、という証明も幾何学的にはまだ十分厳密でありません。ただしこれは適当におぎなえますし、実際厳密に証明もできます。まったく事情が違うのは第二部です。内角の和が180°より小さくなりえないこと、これが肝心の点、暗礁で、そこですべてが崩れてしまうのです。多分貴方はこの問題に手をそめてからまだ日が浅いのでしょう。私はこの問題に三十年以上もとり組んでいますし、この第二部の問題を私以上に手がけてきた者はいないと信じています、公にしたことはありませんけれども。内角の和が180°より小さいという仮定からは我々のユークリッド幾何とはまったく別の、全然矛盾のない、私自身まったく満足している幾何が導き出せます。この幾何ではある一つの定数を決定するという問題を除いては、すべての問題が解けます。この定数を大きく取れば取るほどユークリッド幾何に近くなり、無限大にとった場合はまったくこれと一致します。この幾何では定理の中に一見、不合理で、不馴れな人には平仄《ひょうそく》が合わないように思われるものもありますが、静かに、つぶさに考えれば、少しも不都合はないのです。

例えば三角形の三つの角は、辺の大きさを十分大きく取ればいくらでも小さくなりますし、しかも辺はいくら大きく取っても三角形の面積はあるきまった極限値を超えない、いや決して届きません。いくら私が骨を折って、この非ユークリッド幾何に矛盾を、不合理を見つけようとしても、すべては実を結ばず、我々の理解に反するたった一つのことといえば、それは、もし非ユークリッド幾何が真ならば、空間の中に（我々には未知であるが）おのずと定まった大きさの線分が存在するはずだ、ということです。しかし我々は、言葉巧みな形而上屋の空念仏にもかかわらず、空間の真の本質については極くわずかしか、否、まったく知らないのではないか、何か不自然に現れたものを『絶対に不可能』と取り違えているだけなのではないか、と私にはそういう気がします。もし非ユークリッド幾何が真であり、もしまたさっき述べた定数が、地球上か天空で我々の測定下にある量と何等《なんら》かの結びつきがあるならば、この定数は後天的に求めることができましょう。私はときどき冗談に、ユークリッド幾何がうそであって欲しい、そうすれば絶対量が初めから決まっているのになあ、など言っています。

数学的に物を考える頭脳の持ち主であると私に思える人には、私は上に述べたことを曲解する心配をいたしません。しかし、以上述べたことはプライベイトな話と御承知いただきたく、決して公になさったり、公になる恐れがあるようには御使用なさらぬよう御願いたします。多分私も、いつか現在よりもっと閑が見付かれば、将来自分で私の研究を発表することになりましょう。

敬具

ゲッティンゲン　一八二四年十一月八日

C・F・ガウス」

『ガウスの生涯』（東京図書）

A君　ガウスははっきり非ユークリッド幾何といっていますね。

老生　そうだね。だからこの頃になると「定数」の問題を除いては、積極的に新幾何の存在を認めている。

A君　では何故、タウリヌスに公開を口止めしたのでしょう。

老生　やっぱり定数に引っ掛かっているのだろう。本当の理由らしきものはあとで機会があったら話すことにして、先へ進もうじゃないか――。

5　ガウスの記録

老生　先へ進もうといっても話としては実は逆もどりをすることになるが、前にガウスが曲面論を書いた話をしたね。

A君　それから急にW・ボヤイに話が飛びました。

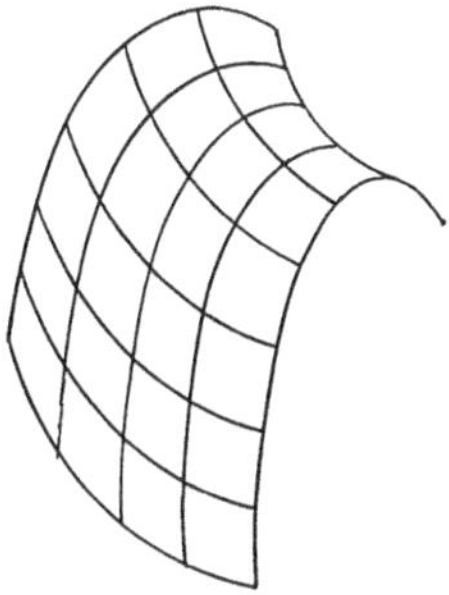

曲率＜0　　2.10

老生　そうだったね。それでこのガウスの曲面論というのはそれまでの特殊な曲面の研究と違って、ごく一般的な、しかもスケールの大きいものなんだ。中心になっているのは曲率の概念で、曲率というのは曲面上の各点での曲面の曲がり方の度合いを表す量なのだが、どんなものかおよその見当だけいうと、平面ではどの点でも曲率は0、つまり曲がっていないことを表す。また半径がRの球面では、どの点でも曲率は一定で$1/R^2$という値をもっている。また曲面に鞍形の場所があれば、そこでの曲率はマイナスになる。（2.10図）

A君　曲率がどこでもマイナスだということもあるんですか。

老生　そういうこともあるし、ヒョウタンのような形（2.11図）だと、くびれているところは曲率がマイナスで、ほかではプラス、その境目に曲率が0のところがでてくる。この曲率についてガウスは「抜群の定理」だと自画自賛している定理を、面倒な計算をした結果出している。

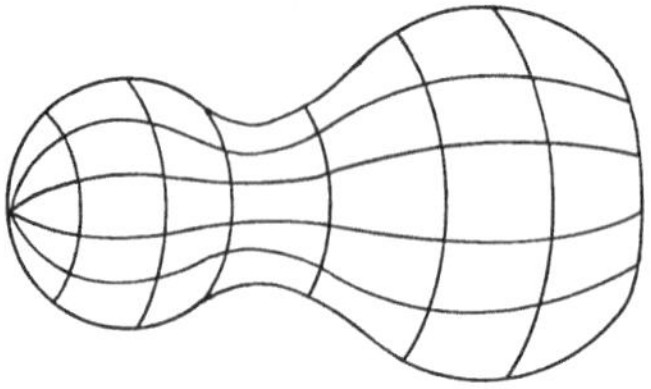

2.11

それは

「曲面を伸ばしたり縮めたりしないで変形するのだったら、曲面の各点の曲率は変わらない」

というのだが、例えば球面の一部を切り取って、伸ばしたり縮めたりしないで平面上に拡げようとしても、球面は各点の曲率が$1/R^2$でプラスだが、平面の曲率は0だから、これはできない相談だというわけ。だから平面の上に描いた地図は、一万分の一の地図だとか何とかいっても、それはうそで、そういう理想的な地図はあり得ない。こんなことが数学的に証明されたわけだ。この抜群の定理は自分で賞めるだけあって、すばらしい定理だよね。

次に曲面論では、曲面上の二点を結ぶ最短の曲線、いわゆる測地線の微分方程式が計算してある。これを積分すれば測地線が求まるのだ。測地線は平面だともちろん直線だし、球面だと大円になる。

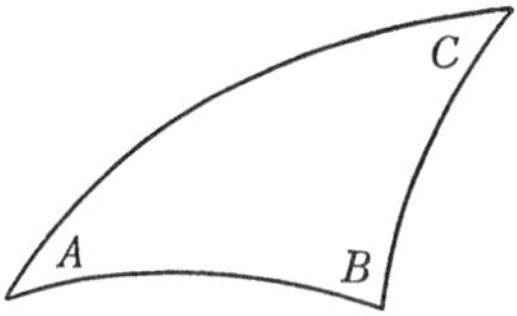

2.12

一般に測地線は曲面上で直線の役目をするから、三辺が測地線からできている三角形が考えられるが、これを測地三角形という。ここでまたガウスは曲面論の中で一番エレガントな定理だと自賛する、実際すばらしい定理を発見しているのだが、これをわかりやすくいうと、

「曲率が至るところ一定な値kであるような定曲率曲面では、測地三角形ABC（2.12図）の頂角をA、B、Cとすれば、この三角形の面積は、常に

＊　$(A+B+C-\pi)k$

で表せる。ただし角A、B、Cは角をラジアンで表したものとする」

だからkが正ならば$A+B+C>\pi$となるわけだし、kがマイナスだと$A+B+C<\pi$即ち三角形の内角の和が180°より小さい、ということがわかって、これは実に重大な新発

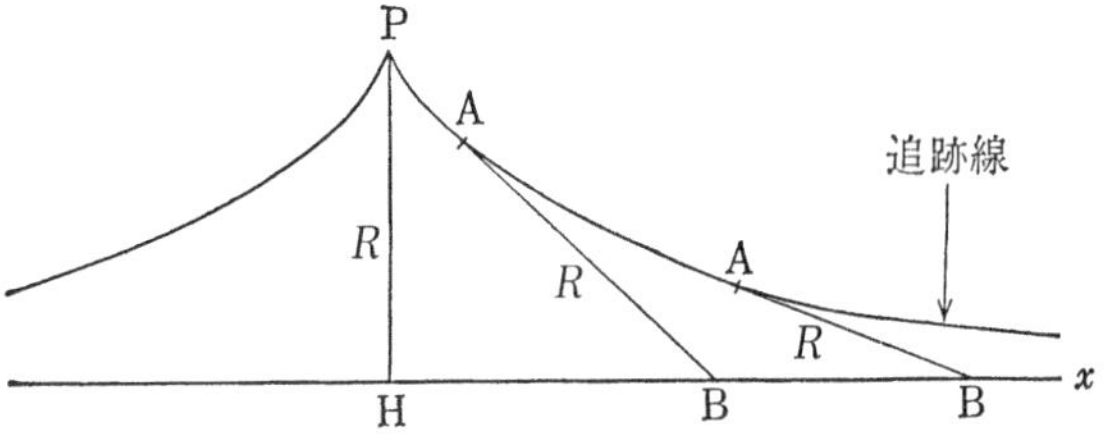

2.13

見だ。

A君　曲率がマイナスで一定な曲面なんてあるんですか。

老生　うん、ガウスのノートにその曲面が求めてあってね。上の曲線（2.13図）の追跡線といって、曲線に接線を引いたとき、曲線とx軸との間の部分ABの長さが一定値Rになっているものだが、この曲線をx軸を軸としてグルッと一回転すると、そのときできる回転面（2.14図）の曲率kがちょうど$-1/R^2$になるのだ。

A君　そうしますとその曲面は非ユークリッド幾何を表すのと違いますか。

老生　そうなんだよ。ところが不思議なことにガウスは定理としてはkが一定値をとる場合を少しも考えずに、kが曲面の各点で変わる場合にも成り立つ一般的な定理だけしか述べていないんだ。ガウスが余りに一般的に考え過ぎてk＝一定、という極めて大事な特殊例を見過ごしてしまったというのか。どうもよくわからない。いま言った曲面についても、ノートには式も曲線の図も描いてあって「この

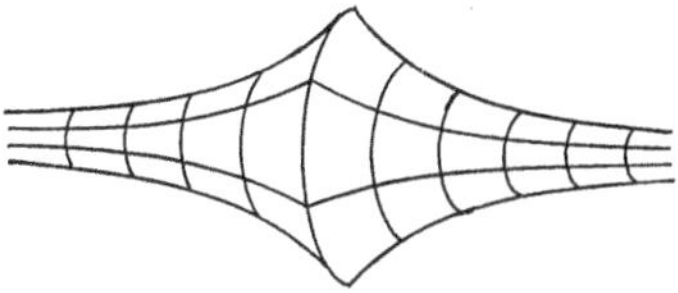

2.14

曲面は球面の逆像である」とまで記してあるのだが。

A君　やっぱり非ユークリッド幾何を知られたくなかったからでしょうか。

老生　そうだとも思われるが、親しい人にも話していないところをみると、はっきりしていなかったのかも知れない。それにこの曲面は後の人も発見してこれを偽球と名づけたが、偽球上ではその上の一部で三角形の内角の和が180°より小さい、という性質はもつけれども、曲面全体は上図でわかるようにまるで非ユークリッド平面にはなっていない。その意味ではガウスの態度は例によって慎重だったともいえるだろう。

ガウスよりも何十年という後に、君も知っている幾何学基礎論のヒルベルト（一八六二―一九四三）が、曲率がマイナスの定値をとって、しかも至るところ滑らかな曲面は三次元空間内に存在しないことを証明している。ガウスのことだから、証明の有無は別として、この事実には感づいていたのかも知れない。

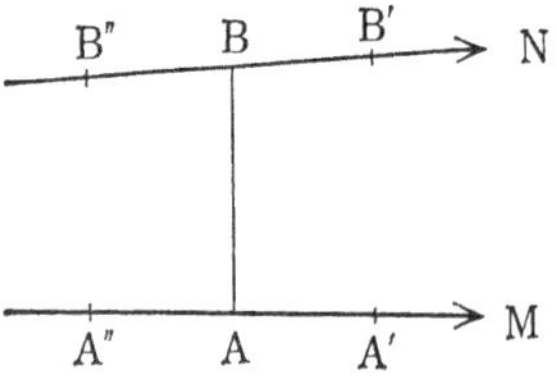

2.16

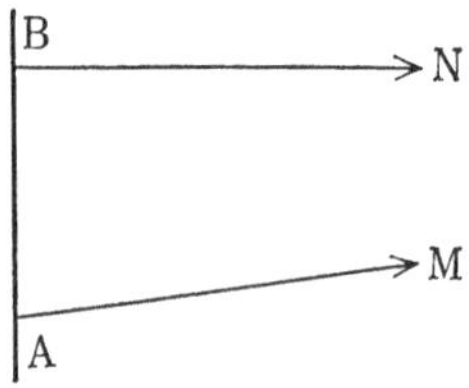

2.15

A君　曲面論からは結局非ユークリッド幾何の存在は引き出せなかったわけですね。

老生　ガウスの論文は表面上ははっきりしてわかりいいんだが、その裏にかくれているものを言わないことがある。

A君　実は裏に何もなかった、ということはありませんか。

老生　君も穿《うが》ったようなことをいうね。——しかしこういうせんさくをしていると切りがないから、曲面論はこの位にして、最後のところまで進もう。

ガウスは平行線の疑問から、空間や平面についても思いをめぐらしていたようだが、曲面論を書いてから三、四年後一八三一年五月十七日付のシューマッハという親しい人に宛てた手紙に

「私が今まで思い巡らしたことを、そのなかには四十年も前のことがあって、今まで書いておかなかったものだから三回も四回も改めて考え出さなければならないのも沢山ありましたが、数週間程前からぼつぼつ書き始めました。私

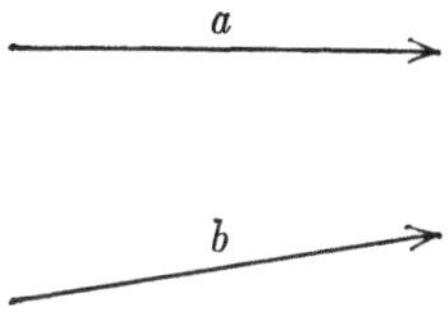

2.17

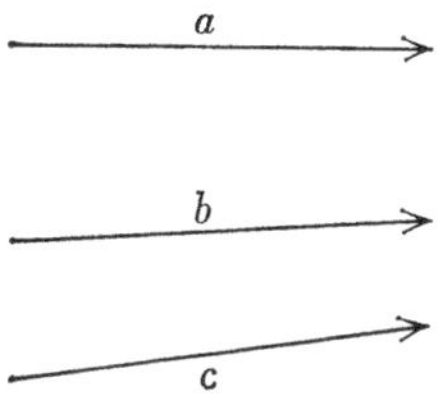

2.18

といっしょに朽ちさせてしまいたくもありませんからね」というようなことを書き送った。これと覚しき記録がちゃんと残っている。短いものだし、ガウス一流の明解な証明つきのものだから全部訳してもいいが、まあ要点だけ話そう。

それでまず平行線の定義は前にもやったように、2.15図で半直線AM, BNは交わらないがAを通ってAM, BNの間にある直線はみなBNに交わるとき、AMはBNに平行であるという。すると

(1)　AM//BNならば、AM, A′M, A″MのどれもBN, B′N, B″Nのすべてに平行である。(2.16図)

(2)　半直線aがbに平行なら、逆にbはaに平行である。(2.17図)

(3)　aがbにもcにも平行ならbはcに平行である。(2.18図)

(4)　a//bでcがa、bの間にあり、どちらとも交わら

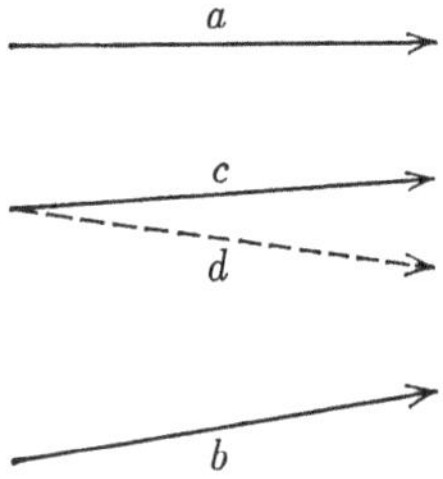

2.19

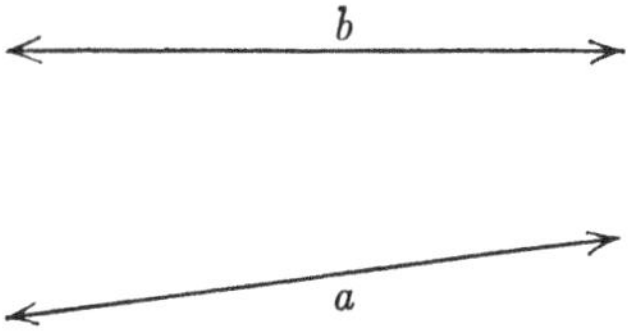

2.20

なければ、cは各々に平行である。(2.19図)

(5)　$a /\!/ b$ならば、a、bは逆の方向で交わることはない。(2.20図)

以上は誰にも考えつくことだが、次の概念が重要だ。

(6)　(定義) $a /\!/ b$で∠A＝∠Bのとき点A、Bを平行線a、bの「対応点」という。(2.21図)

すると、次の面倒な補助定理が成り立つ。

(7)　A、Bが平行線a、bの対応点なら、線分ABの垂直二等分線MNは両平行線に平行であり、またMNに対してAと同じ側にある点Pは、BよりはAに近い。(2.22図)

A君　よくわかりませんが。

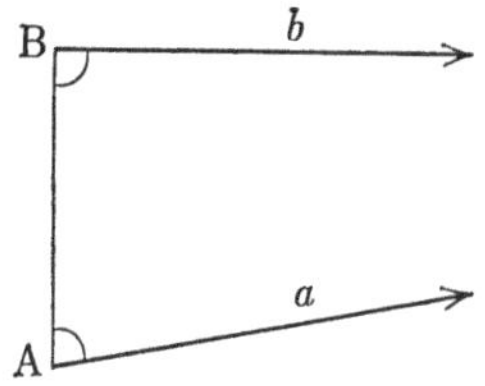

2.21

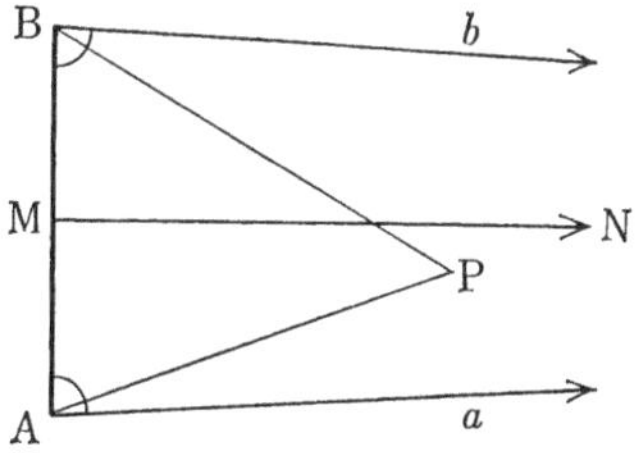

2.22

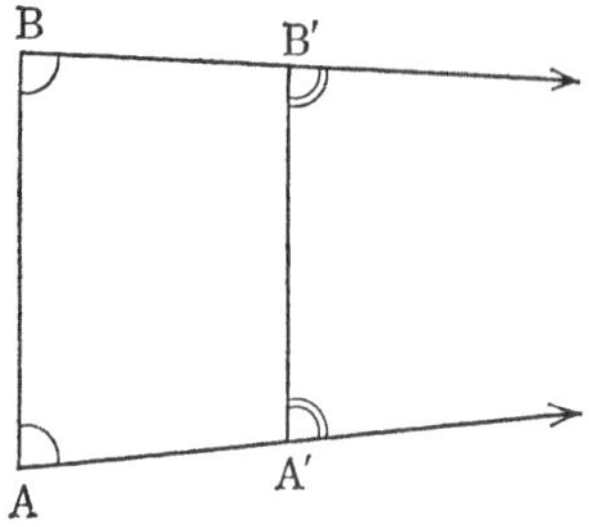

AA′≒BB′

2.23

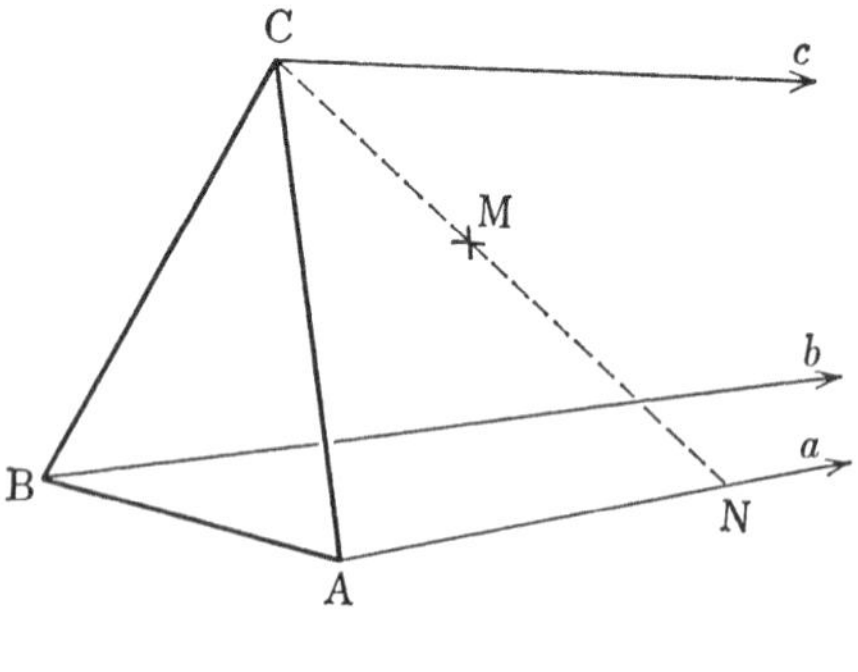

2.24

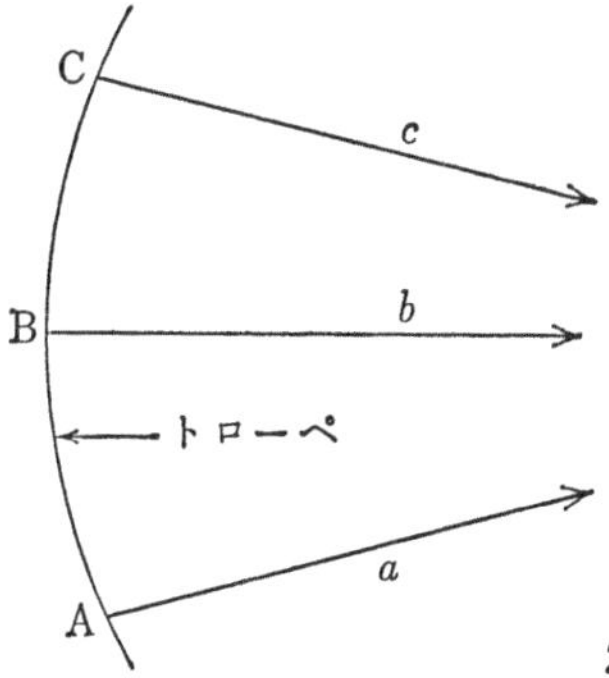

2.25

老生　図を見ればわかるが、わからなくてもいいよ。あとのことを証明しようとすると、必要になってくるだけだから。

(8)　更に、A′、B′が対応点なら、線分AA′＝BB′である。(2.23図)

(9)　(定理)　A、B、Cがそれぞれ平行線a、b、c上の点で、AとB、BとCが対応点ならば、AとCも対応点である。(2.24図)

この最後の定理から、直線aに平行なすべての直線に対してa上の点Aの対応点をとると、その軌跡は一つの線になる。これをガウスはトローペと名づけた。(2.25図)

このトローペは非常に重要な曲線なのだがガウスのノートは以上で劇的に未完成のまま終わっている。シューマッハに宛てた一八三一年七月十二日付の手紙には「非ユークリッド幾何では半径rの半円周は

＊ $\frac{1}{2}\pi k\left(e^{\frac{r}{k}}-e^{-\frac{r}{k}}\right)$

になる」と書いてあるが、残念ながらガウスがどうやってこの式を出したか、知るよしもない。（補講8）

A君　劇的に未完成に終わったといいますと……。

老生　それはあとで話そう。この機会にガウスの性格というか、生活態度について一言、述べておこう。

ガウスは貧家に育ったので自分の才能だけが身を立てるための唯一の手段であり、その才能が認められたからこそ、生地のブラウンシュヴァイク公国のフェルディナント公の絶大な庇護を受けて、高等教育も受け、職にもつくことができたわけだ。だから自分の研究に少しでも誤りが見つけられることは研究者としての名声を失墜することだし、ガウスにとってこれは絶対に許されないことだった。地位が固まったあとでもこの習性はすっかり身についてしまったのだろう。だから自分の研究は完璧な形に整えられない限り、容易に発表はしなかった。

しかしガウス自身はこの性格があとで何人かの人に不幸をもたらす結果になろうとは、まったく思いも寄らなかったことだろう。次のドラマの展開をききたまえ。

6 悲運な父子　W・ボヤイとJ・ボヤイ

ボヤイ父子とガウス

老生　次に非ユークリッド幾何発見者の一人、ヨーハン・ボヤイの話に入ろう。ボヤイはBolyaiと綴るのだがハンガリー人はボヤイとかボヨイとかいう。ヨーハンはドイツ名でハンガリーではヤーノシュ、Bolyai, Jánosのように日本式の順に書く。父親のヴォルフガングはファルカシュだが、今までどおりW・ボヤイとか父ボヤイとかいうことにする。

J・ボヤイと父のW・ボヤイとは不可分なので、少し前と重複するところがあるけれども、まず父親の話をしよう。

W・ボヤイ（一七七五―一八五六）はハンガリーの貴族出身で、少年の頃は何でも屋の神童だったらしく、画家になろうとしたり俳優になろうとしたり、語学も数学も好きだったから何をやったらいいやらなかなかきまらない。ところがあるとき、火薬の実験で眼を痛めてしまってからは、頭だけでできる数学に力を入れるようになったとか。後にはマロシュヴァーシャールヘリという町の高等学校で数学、物理、化学の変わり者の教授として生涯を終えた。

二十歳の頃には平行線の公理のことなど自己流にあれこれ考えていたが、二十一歳の秋、ゲッティンゲン大学に遊学したとき、二歳年下の少年ガウスと知り合って、両人が無二の親友になったことは前に述べた。

父ボヤイはやがて故郷に帰ると数学の教師をしながら相変わらず平行線の公理の証明を続け、時にはガウスに自分の結果を知らせるとガウスからはその誤りを指摘してく

ボヤイ・ヤーノシュ

る。そんなことで平行線に取り憑《つ》かれた彼は失敗に失敗を重ねているうち、自分の生活態度がメチャメチャになっているのに気がついたときは、既に壮年期に達していた。

息子のヤーノシュ（一八〇二―一八六〇）が生まれたのは父ボヤイの青年時代だが、この子が普通の子でないのが自慢で、その異常児ぶりをこまごまガウスに知らせている。

ルソーの『エミール』が大流行の時代だったので、やっと九歳になって初めて昔風に家庭教師をつけた普通教育にもどったが、数学はもちろん父ボヤイが仕込んだので、十二、三歳の頃には解析幾何で二次曲線論まで進んだ。

妹が一人いたが早死したので一人っ子のヤーノシュは甘やかされ、十五歳の頃は気分屋のおこりっぽい、わがままな若者になっていた。しかし父の仕込みで科学、特に数学が好きで語学も相当、それにヴァイオリンの名手だったという。

ヤーノシュがまだ五歳だった一八〇七年に父ボヤイはガ

ウスに宛てた手紙で自分の息子に数学の才があることを自慢して、十五年もたったらヤーノシュを君のところへ連れて行って、君の生徒にしてもらいたいと思っている、というようなことを書いた。しかしW・ボヤイとガウスの間は次第に疎遠になっていき、翌年の一八〇八年に平行線の証明を同封したW・ボヤイの手紙にガウスが返事を出さなかったことは、この前話したとおりだ。

A君　W・ボヤイの証明がまた間違っているので、研究を続けるように勇気づける気にもならなかったのだろう、といわれましたね。

老生　そのほかにガウスの身辺はますます多忙になっていたから、神経の要る手紙などおいそれとは書けなかったのだろう。しかしW・ボヤイは相変わらず息子をガウスにあずける気でいたようだし、息子のヤーノシュも父親が巨人ガウスの親友であることを誇りに思い、早くガウスの下で数学を研究したい、と憧れていたことは想像できる。といってもW・ボヤイもそう楽々と息子を遠いゲッティンゲンに遊学させるほどの資産もなかったので、心を痛めていた。幸いヤーノシュが十四歳の春、二年後には奨学金がもらえる当てがついたので、かねて心に決めていた我が子の指導を頼もうと、一八一六年四月十日付でガウス宛に次のような手紙を書いた。

まず我が子の数学的才能を自慢した後、「彼を三年間お預り願いたい。できたら君の家に。というのは十五歳の子供を独りでは置けないし、といって執事などつけてやるのは訴訟で弱っている私の力に及ばないからです……御令室の出費はもちろん弁償します――もし私が彼につき添って行けたら、万事よろしく取り計らいます。そこでこの計画に関して、以下の件につき、つつまず御知らせ下さい。1°、君はその頃危険な年頃の（お互いさまのことですが）御令嬢なきや。もちろん青年は必ずこの危険な戦場にあるものですから、わずかの理性さえあれば盲目の弾丸に撃たれ、傷を負ってこの桃源郷の夢から醒《さ》めるということはないはずです……。

2°、君は健やかで、貧しからず、満ち足りて、小うるさくはないでしょう？　特に御令室は女性として特別の方？　風見鶏のように変わりやすくはないのでしょう？　晴雨計が変わったから御用心、などいうことはないのでしょう？……。

3°、諸事勘合したところ、君はいとも簡単に一言、よいというに決まっていると思います。私は君が温かい心をもっていることを疑わないからです」

A君　だいぶ変わった手紙のようですが、ヨーロッパ人というのはこんな明けっぴろげな手紙を書くものなんですか。

老生　まさかね。冗談口調ではあるようだけど。W・ボヤイは暮らし向きも左前にはなっていたが、まだお殿様育ちのところが残っているのだろう。ガウス先生には冗談が通じそうもないし、当惑顔が目に見えるようだ。案の定、ガウスからの返事がくるのを我が子もろとも一日千秋の思いで待っていたW・ボヤイのところへは、一週間経ってもひと月経っても返事がこない。とうとうガウスからの返事がないまま、ガウスとW・ボヤイの間の音信はそののち十五年間、途絶えてしまった。

父ボヤイの驚き

老生　期待したガウスからは返事がないのでW・ボヤイは一八一八年、十六歳のヤーノシュをウィーンの陸軍工科大学へ入学させた。これは他の大学に自分の気に入るような数学の指導者がいないのと、W・ボヤイ自身、軍隊生活が自分の好みにあっていたからだった。若ボヤイは五年後の一八二三年にここを優秀な成績で卒業して、たくましい二十歳の工兵少尉に任官した。

A君　J・ボヤイは数学の専門教育は受けていないんですね。

老生　高等数学の厳しい教育は受けたが、何といっても自由な数学じゃないからね。フランスのエコール・ポリテクニークとは違うようだ。

これが不運の一つだと思う。しかし父親から幾何の手ほ

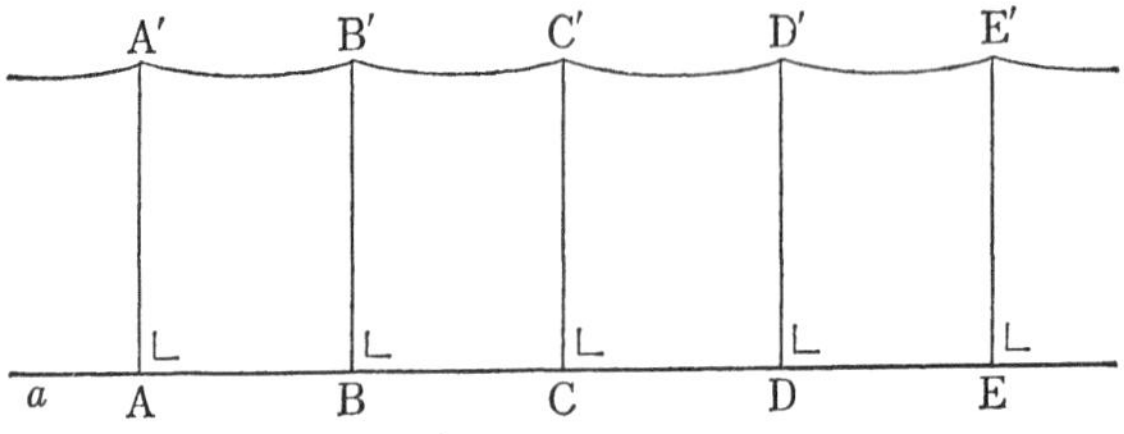

2.26

どきを受けたし、いつの間にか平行線問題を考えるようになっていて、工科大学の学生のとき、すでに「直線aから等距離にある曲線は直線である」ことを証明しようとしていた。それには2.26図のようにa上に等間隔に点A、B、C、D、E、……をとり、同じ長さの垂線AA′=BB′=CC′=……を立てると、A′B′=B′C′=C′D′=……となることは明らかだから、もしA′、B′、C′、……が一直線にならないなら∠A′、∠B′、∠C′、……は二直角にはならず、おまけに角は等しいからA′B′C′……は等辺でかつ角ωが等しい折れ線になる（2.27図）。しかしこういう折れ線は円に内接するわけだから有限の場所をグルグル回ることになって、図のように直線に沿って無限に行くはずはない。これは矛盾だ。故にaから等距離にある線は直線である、とこういう証明だ。

一八二〇年の春、ボヤイが父にこの自分の研究を知らせてやったとき、父ボヤイは心臓が止まるほど驚いた。そっくりこれと同じ考えを自分は二十年前にガウスへ知らせ、

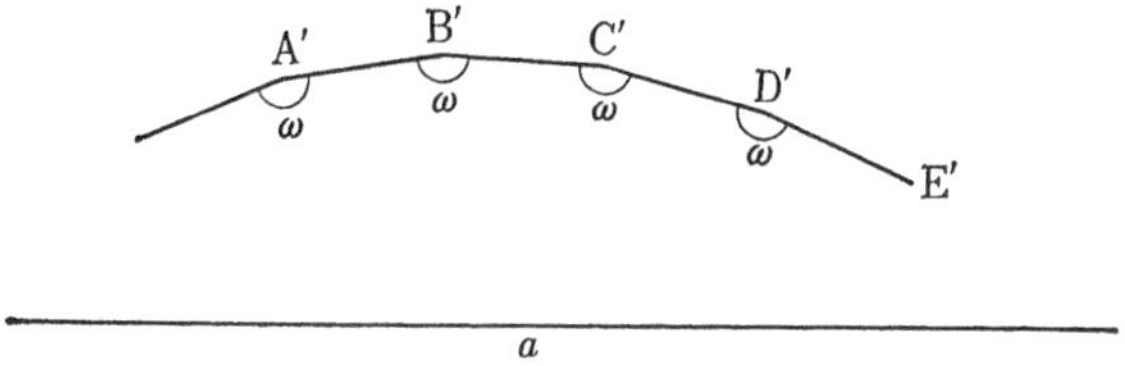

2.27

しかもガウスから証明の誤りを指摘されたものだ（89ページ）。その後自分は平行線公理の証明にすっかりとりつかれ、とうとう自分の半生をメチャメチャにしてしまった。この誤った同じ道を大事な一人息子が、教えもしないうち、いつの間にかそっくりそのまま追っているではないか。

A君　父ボヤイはヤーノシュには平行線公理の研究を伏せていたのですね。

老生　そうだよ。そこで驚いた父は我が子に折り返し、長い長い手紙を書いた。一八二〇年四月四日付の手紙だ。この中で父ボヤイは若ボヤイに、平行線の公理の証明に手を出してはいけない。平行線の研究に打ち込んだあげくの果てに落ちこんだ私の今のみじめな状態を見なさい。こんな姿にお前をさせたくないのだ、といって自分の失敗談を初めて息子にくわしく教えた。

A君　例えばどういうことですか。

老生　公理を否定して、a上にない点から二本の平行線が

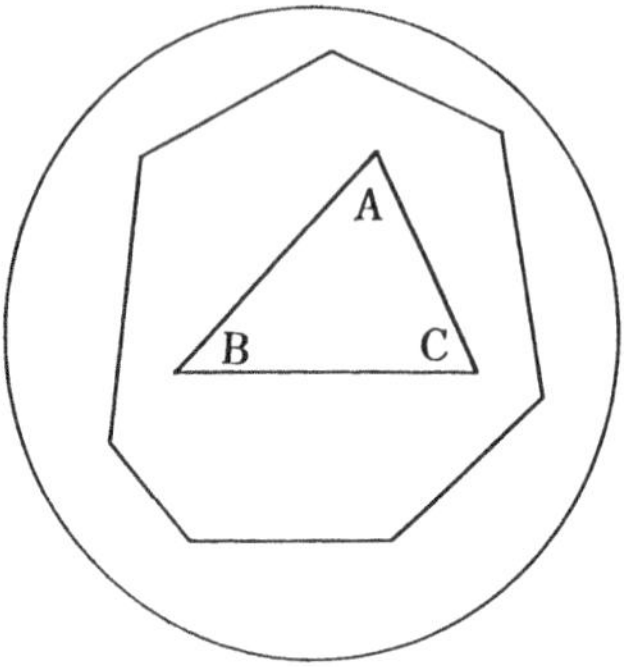

2.28

引けると仮定すると、次にあげるような様々な不合理が起こるというのだ。まず

「内角の和がいくらでも小さい三角形や多角形がある。しかもこの多角形の辺の数がいくらでも大きいのがある」

君にもわかりやすいように1.54図のモデルを使って図を描いてみると、我々にはその意味がよくわかる。2.28図で△ABCの頂点を円周に近くとっていくと、$A+B+C$はいくらでも0に近づく。多角形でもそうだ、君にはまだ説明してなかったけれど。（補講5）

次に

「一直線aに直交する直線を全部考えると、この直線全部に交わるような直線はaだけである」

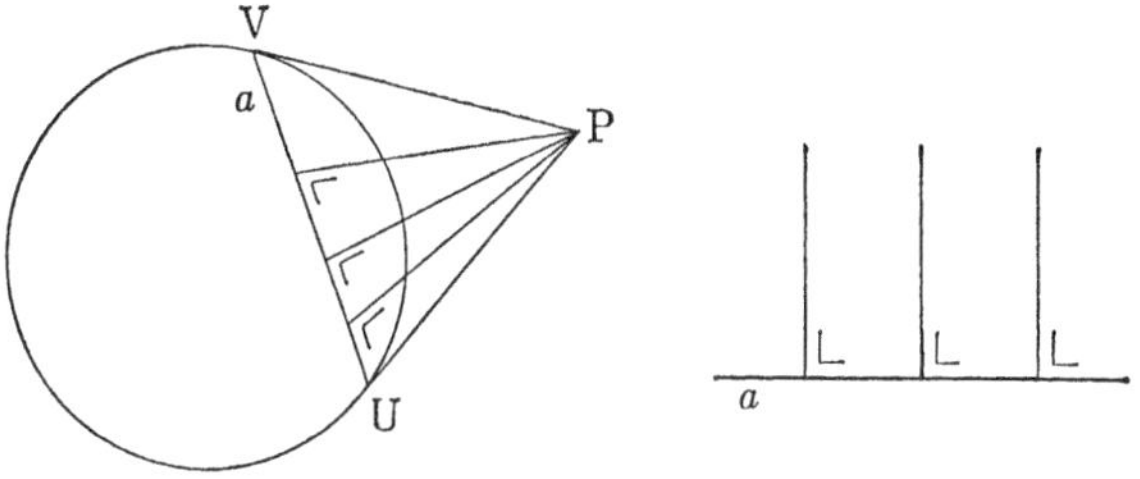

2.29

という妙なことだが、これを描くと2.29図のようになって、Ｐに集まる直線が円内ではa＝(VU）に垂直なので、父ボヤイのいったとおりになることがわかる。（補講３）もちろん父ボヤイはこんな図は知らない。

「いくらでも小さい角の中に、いくらでも180°に近い鈍角が入れられる」

これも2.30図の円の図を描くとわかる（ユークリッド平面だとα内のβ角はβの方が小さいか等しい）。このほかいろいろの例をＷ・ボヤイはあげているのだが、止めておこう。

さて平行線の公理がないと、必然的にこういうような不思議な事実がたくさん起こる。しかしこの不思議な事が矛盾であることを証明することがどうしてもできない。だから自分は平行線の公理を証明することは絶対に不可能だと思う。だからこういう無駄な努力は決してするものではな

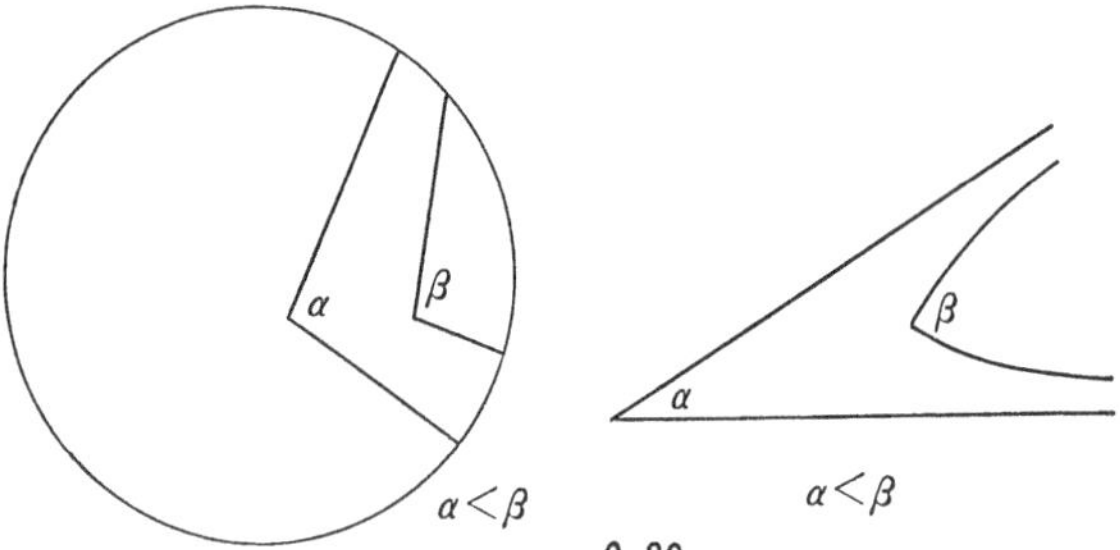

2.30

い、と父ボヤイは口を酸っぱくして我が子に説いたのだった。

A君　平行線の公理が証明できないのなら平行線の公理を否定した非ユークリッド幾何があるわけじゃないのですか。

老生　それは君、君は非ユークリッド幾何というものがあることを聞きかじって知っているからそういえるのだよ。平行線の公理を否定したらどんな幾何ができるか、やってみたらむずかしさがわかる。ほんとに途方に暮れてしまうよ。それに老ボヤイは体験として公理が証明できないという確信を得たのだが、では公理を否定したら新しい幾何ができるのではないか、というようなヒラメキを天から授かる幸福はもたなかった。——きざっぽい言い方をするとね。

A君　天才ではなかった、ということですね。

老生　既成の数学的思考を破ることだからね。

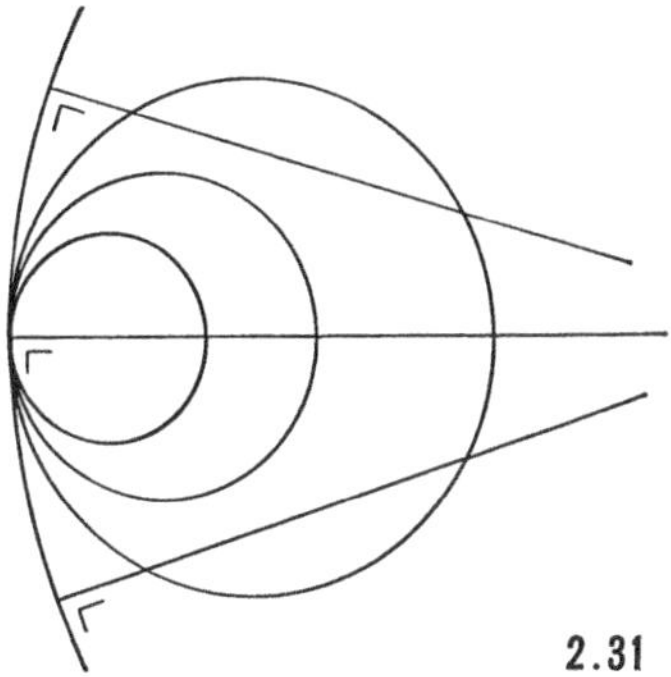

2.31

7　J・ボヤイついに非ユークリッド幾何を発見

老生　父から初めて秘密を明かされたヤーノシュは、研究を思い止まるどころか、父から拍車をかけられたように、ますます平行線の研究に没頭するばかりだった。といっても直ぐさまうまいこと解けるわけではないが、ついにある日、サースという数学好きの友人と話し合っているとき、どちらからともなく「無限半径の円」を思いつき、これこそ平行線の秘密を解く唯一の鍵ではないか、これでやっと正しい軌道にのることができたのだ、という強い予感を覚えた。(2.31図)

A君　ガウスのノートにもあった曲線でしょうか。

老生　そう、ガウスのいうトローペ。しかしこのいいと思った考えも、父ボヤイに知らせると、案に相違して父には反対され、自分でもその後容易に進展を見ないまま悪戦苦

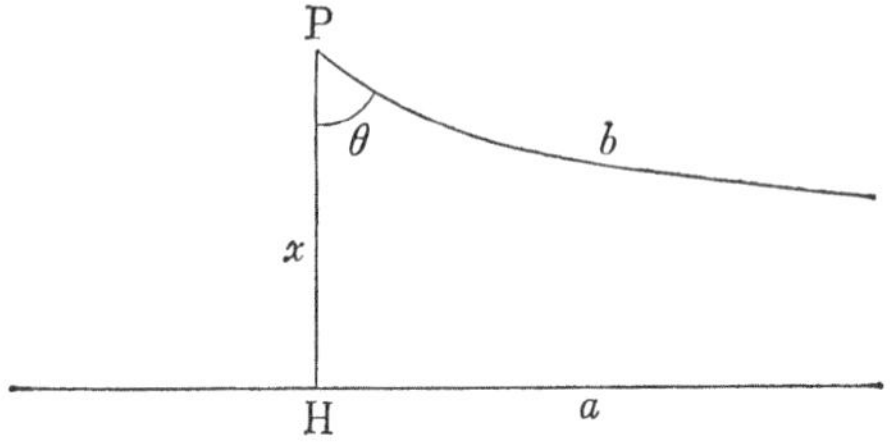

2.32

闘の日々を送っていたが、軍務に服するようになった一八二三年の冬の真夜中、遂に決定的な瞬間が訪れた。

今、点Pから直線aに長さxの垂線PHを下ろし、Pからaに引いた平行線とPHのなす角をθ（x）とすれば

$$* \quad \tan\frac{\theta(x)}{2}=e^{-\frac{x}{k}}$$

となるというのだった。（2.32図）

A君　へーえ、Pからaに二本の平行線が引けるという仮定だけから、よくそんなはっきりした式が出るもんですね。

老生　君は新発見の驚きを素直に感じとれるから、話し甲斐があって嬉しい。ボヤイも喜びを抑え切れず、早速父ボヤイに報告し、難問の解決もこのあとを整理し仕上げるだけにかかっていますと書いたところ、さしもの父ボヤイも息子の公理の証明が成功に近づいたものと勘違いしてか、次のような不吉な予感がただよう忠告を与えた。「お前が成功した暁には早速私が執筆中の『数学入門試論（テンタ

ーメン）』で発表しよう。大発見というものは早く公表しなくてはいけない。それは第一に、アイディアというものは伝わりやすく、人に盗られる恐れがあり、第二に新事実というものは春の野のスミレのように時期がくると諸所に一時《いっとき》に開くことがある。科学では発見の栄誉は第一に名乗りをあげたものにだけ来るものだ」

この真実をついた父ボヤイの言葉はその後の若ボヤイに暗い影を落とすことになるのだが、ともかく若いボヤイは研究の完成を急いだので、二年後の一八二五年にはほぼ大体の形が整った。それは平行線の公理があろうがなかろうが、それとは無関係な、若ボヤイのいう「絶対幾何学」ができるというのだった。前の式＊でいうとどんな正の数kに対しても、平行線が二本引ける幾何ができ、kが無限大のときは普通の幾何ができる。このkは何であってもいいが、我々の空間でkがどういう値をとるかは、わからない、というのだった。

ところが若ボヤイが父にこの話をすると、父は期待に反

してボヤイの研究は平行線の公理の証明ではなかったので
「これでは駄目だ」
という。若ボヤイは
「平行線の公理が証明できないことを証明したのだから、これでいいのです」
と答える。
「この公理が証明できないくらいはわしの長年の苦労でわかっているのだから、今さらお前が改まってやるには及ばないのだ。第一、kの値がわからず、どんな幾何がこの空間で成り立つかわからないのでは、お話にならないじゃないか」
喜んでくれると思った父は真っ向から反対するし、どう説明しても理解しようとしない上、あいにくなことに経済問題もからんで二人の間の雲行きは険悪になった。だが結局、二人はガウスに判定をうけることに話がまとまったので、若ボヤイは急遽《きゅうきょ》、自分の研究をラテン語の論文に仕上げ、父に送った。父ボヤイはそれを『試論』の付録に入れて印刷し、その別刷りをガウスに送り、また別に十五年の久闊を叙した上、仔細をしたためた手紙を一八三一年六月二十日の日付で送り、論文の批判を乞うた。

A君　ガウスはその頃、非ユークリッド幾何をとっくに発見していましたね。

老生　きわどいところだが、前に話したようにその年の五月にシューマッハに出した手紙が証拠になっている。——手違いがあって、ガウスが若ボヤイの論文を実際見たのは翌年の一八三二年になったのだが、今度はガウスもさすがに返事を出している。前置きははぶくと

「さて御子息の論文ですが、まずこの論文を賞めるわけにいかないと申し上げると、多分君は一瞬、唖然とするでしょう。しかしほかに致し方がない、というのはあれを賞めることは私自身を賞めることになるからです。それは論文の全内容、御子息がとった道、結果、はどれもこれも私が三十年、三十五年来行ってきた沈思黙考の結果とまったく符合するからです。これにはまったく驚くほかありませ

ん」

というようなことから、平行線の公理を否定した幾何はわずかの人を除いては理解されないから、私は生前は公表しないが、自分と共にうもれてしまうのも惜しいので、そのうちボツボツ書くつもりでいたことなど述べ、

「だからこの労を省いてくれたことは、非常な驚きであると共に、いみじくも私の古い親友の子息がこんなにすばらしい形で私より先んじたことは誠に嬉しい限りです」

と若いボヤイの才能を賞め、そのあと論文について二、三の注意をしたり、「四面体の体積を表す式を作れ」などの問題を提出している。

この返事を見た父ボヤイは、自分の息子がガウスと同じ域に達していたとはえらいものだ、彼は天才だったのか、と初めて我が子を見直し、大喜びでガウスのこの返書のコピーを彼に送った。

A君 若ボヤイはガッカリしたんでしょう。

老生 ガッカリどころの騒ぎじゃないんだよ。自分以外の

ものが同じ考えに達していたなどとはとても信じられない。これは親父が私をやっつけてやろうとガウスに私のやったことを洩らしたのではないかとか、ガウスがこんな大発見をしていたら発表しなかったはずはない、発表を足踏みしていたとすれば、それはまだ考えが明確でなかったからではないか。私の論文を見て自分も前から同じ考えをもっていたなどといい張るとは卑劣もはなはだしい。等々憤《ふん》懣《まん》やる方なく、以前から健康を害していたボヤイはこの痛手からすっかり人柄が変わって粗暴となり、これがもとで翌年とうとう軍務から身を引いて郷里に引っ込んでしまった。

A君　ガウスも随分罪な手紙を書いたものですね。もう少し温かみのあることをいってやってもよかったでしょうに。

老生　性分だからね、しようがないよ。それにガウスは非ユークリッド幾何の公表は回避しているのだから、ボヤイの論文を公に紹介するはずはない。悪いことにまた父ボヤイの『試論（テンターメン）』自身が人々に読まれるような本でもなかったので、結局若ボヤイの論文は彼の生前は陽の目を見ずじまいだった。若ボヤイはガウスの鼻をあかすつもりで数学の大著述を目指したのだが、一度精神的に挫折した人が雑念を抱いて研究を深めるのは至難だ。それからあとで話がでるが、もう一つショッキングな事件が起こってね。結局若ボヤイに春は再びもどって来ず、誰にも認められないまま一八六〇年、五十七歳で淋しく世を去った。あとわずか七年生き永らえれば、一躍ハンガリーの英雄になったというのにね。

A君　悲運な人ですね。

老生　老ボヤイは息子にあてた手紙の中で「幸福な人は他人も幸福にしやすいが、干からびた泉からは何が流れるだろう」といっているが、ボヤイは父の不幸を真面《まとも》に受けてしまったという気がして痛々しい。

ロバチェフスキー

8　最初の非ユークリッド幾何の発見者　ロバチェフスキー

虚の幾何

老生　ロバチェフスキーはボヤイ父子と違って個人的記録が少なく、劇的シーンがないので、話としてはおもしろくない。ボヤイ父子のことで大分時間をとってしまったので、今度は簡単に始末してしまおう。

ロバチェフスキー（一七九三―一八五六）は名前からも想像できるようにポーランド系のロシア人でニジニ・ノヴゴロドに生まれた。四歳のとき父を失い、相当な教養があったらしい母親に連れられてカザンに移り、そこで一生を終えた。一八〇七年十四歳のとき、三年前に新設されたばかりのカザン大学へ入学したが、当時のロシアは日本の明治初年の状態を想像するとわかるように、科学的な学問の水準が低く、大学の教官も外国人教師のドイツ人が多かった。数学の教師には奇しくもブラウンシュヴァイクでガウスの師でもあり、友でもあったバルテルスという良師に恵まれ、オイラーの微積分、ラグランジュの解析力学、ラプラスの天体力学、モンジュの画法幾何、ルジャンドルやガウスの整数論など当時一流の数学をきびしく仕込まれた。

A君　相当アカデミックな数学ですね。

老生　ボヤイの論文は、父ボヤイから教わった風変わりな数学が身についたせいか、何か素人臭くて読みにくいが、ロバチェフスキーのは数学的にはスッキリしたところがある。アカデミックな教育を受けた者とそうでない者には、どうしてもこの違いがでてくるね、善悪は別として。それはそれとしてロバチェフスキーは学生のときは元気な余り少々粗暴な行為があったようだが、才能を認められて無事卒業。母校に就職することになった。新興大学のことだから何事も才能次第ということで、ロバチェフスキーは助手、助教授、理学部長、教授、とこの妙な順にぐんぐん資格が上がって、一八二七年三十四歳のときは学長にまで選

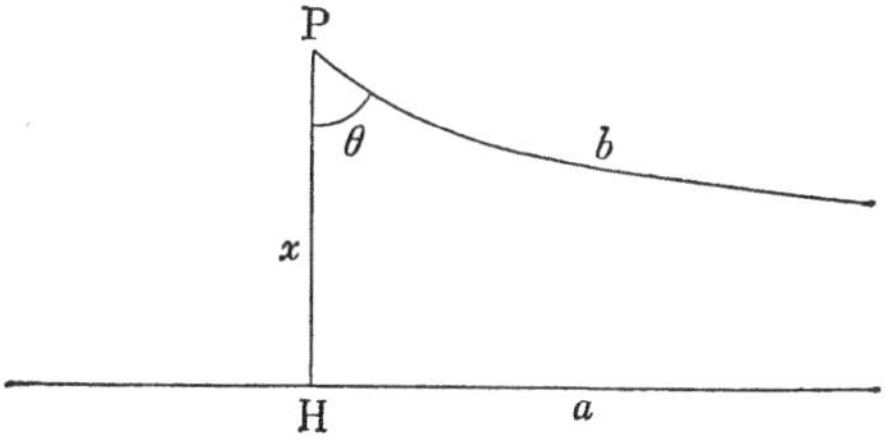

2.33

ばれてしまった。

A君　ではいつ頃非ユークリッド幾何を発見したわけですか。

老生　初めは代数と幾何の講義をもたされたのだが、幾何の講義をするため、ルジャンドルの幾何教科書などよく調べたらしい。あとではそのほかいろいろな講義をもたされたが、とにかく雑務が多いので研究の方は余り手広くやるわけにいかず、結局研究課題を幾何の基礎になっている平行線の問題にしぼったことが精神を集中する意味で効果があったようだ。それで学長になる前年の一八二六年には数学物理学会の講演で、平行線問題解決の第一声を放っている。このときの論文は現存していないが、一八二九―一八三〇年のカザン大学紀要に発表した論文が前の講演の要旨を発展させたものと思われる。ここでロバチェフスキーは2.33図のθを平行線角といって$\Pi(x)$という記号で表して、若ボヤイが示した関係

$$\tan\frac{\Pi(x)}{2}=e^{-\frac{x}{k}}$$

を実に鮮やかな方法で見事に証明している。

A君　その証明を教えて下さい。

老生　これは何時《いつ》か他の機会に紹介するつもりだから、ここではやめておくよ。

A君　それはちょっと残念ですね。

老生　このあとロバチェフスキーは自分の発見した幾何を、ロシア語ではとても読んでもらえないので、ドイツの有名なクレレの数学専門誌にフランス語で投稿したり、一八四〇年には非ユークリッド幾何を要領よくまとめた『平行線理論の幾何学的研究』をドイツ語で書いて、ベルリンから出版したりしたが、これもさっぱり世間的な反響がなかった。一八四六年五十三歳のとき退職すると、今までの超人的な激務の疲れが一度に出たためか、それよりは自分のライフワークが世に認められなかったことが最大の原因であるかも知れないが、退職後は眼に見えて健康がおとろえ始めた。

それでも彼は死ぬ間際まで何回も自分の幾何について論文を書いたり講演をしたりしたが、終いには視力まで失って、退職後十年足らず、世の人に自分の仕事を認められないまま、一八五六年、ガウスが死んだ翌年だね、六十三歳で世を去った。

A君　ロバチェフスキーがそんなに何度も論文を書いたのに、なぜ人に読まれなかったのでしょう。先生はさっき、ロバチェフスキーの論文はボヤイと違ってスッキリしているといわれましたが。

老生　それは僕が非ユークリッド幾何のことを知っていて読むからだよ。だから人に読まれなかったのは一口にいえばPR不足なんだね。初期の論文はロシア語で書いてあったが、これが第一の原因。これでは外国に通用しないし、それにその頃はロバチェフスキーの論文を理解する自国人もいなかったからね。彼はそれに気がついたのだろう。次にクレレの数学雑誌という、アーベルの論文などが掲載された一流誌にフランス語の論文を投稿したわけだが、これがまた失敗でね。多分彼はクレレ誌の読者層がロシアと違って、何でもわかる優秀な学者連ばかりだと買いかぶり過ぎたのではなかったかな。とても固くなってしまって、図も碌《ろく》にない、幾何の論文とも思えないような、とても取っつきの悪い論文なんだよ。広く読まれた雑誌だから、もう少しくだいたわかりやすい書き方をすればよかったんだ。それに第一、標題が悪い。英訳すればImaginary geometryというので、これでは想像的な幾何なのか、虚の幾何なのかわからないし、ましてや平行線の問題に関係しているなどと誰も思わない。

A君　虚というのは虚数の虚ですか。

老生　ああ、その虚と想像的とかけているらしいんだよ。これじゃ何を書いた論文だかわかりゃしない。その証拠にはそのあとドイツ語で書いた方はちゃんと『平行線理論の幾何学的研究』と謳ってあるから、これには早速目をつけた人がある。

A君　ガウスでしょう。

老生　山をかけたね。そのとおりだ。ガウスは新刊の紹介を見て早速取り寄せたが、読んで驚いた。まったく純粋に数学的精神にのっとった、名人の傑作だ、というのだね。すっかり感激したガウスは、ロバチェフスキーを早速ゲッティンゲン学会の通信会員に推薦した。

A君　通信会員というのは何ですか。

老生　優秀な学者に与えた栄誉で、論文は自由に寄稿できるというわけだ。

A君　するとロバチェフスキーは自分の業績が認められたことがわかったわけじゃありませんか。

老生　ところがね、ガウスはロバチェフスキーのいう虚の幾何の研究を認めた、とは一言もいってないんだよ。だからロバチェフスキーとしては死ぬまで自分の幾何はまだ誰にも理解されていない、と思っていたわけだ。

謎解き

老生　ところがロバチェフスキーのまったく知らないショッキングな事件が起こっていた。

A君　ボヤイのとき、何か言われましたね。

老生　よく覚えていたね。それはW・ボヤイがガウスを通じて『平行線理論の幾何学的研究』を知り、そのルートで若ボヤイがこの論文を知ったというわけだ。一八四八年十月十七日に若いボヤイが父からこの論文を受け取ったときのボヤイの驚きは強烈で、このショックを克服しようと熱病にかかったように、前にいった彼の大著述に全身を打ち込んだのだが、とうとう心身共に疲れ果てて、本物の重病になり、遂に筆を捨てざるを得なくなった。病気も快方に向かうと今度はロバチェフスキーの論文の批判を書き始めたが、例の平行線角 $\tan\frac{\theta(x)}{2}=e^{-\frac{x}{k}}$ を求める辺りになると、さすがの彼もロバチェフスキーの天才を賞めざるを得なくなった。

A君　ロバチェフスキーはボヤイのことを全然知らなかったわけですね。

老生　父ボヤイの『試論』がほとんどまったく知られていなかったからね。ロバチェフスキーがボヤイの論文を知らなかったことは、彼が死ぬ一年前に自分の幾何を『汎幾何学』という名で改めて出版したときも、その中にボヤイの名は入っていなかったことからもわかる。

結局ガウスを中心とするわずかの人とロバチェフスキー、ボヤイ父子、だけの間に非ユークリッド幾何が存在していた、という奇妙な状態におかれていたわけだが、ロバチェフスキーと若ボヤイ両人の論文が本当にわかるのはガウスだけだったたし、そのガウスが非ユークリッド幾何の公表を回避して、両人の論文を推薦することすらしないのだから、どうにも仕方ないわけさ。

A君　ではガウスが公表を回避する本当の理由は何だったんですか。

老生　ガウスは他人に少しでも欠陥を指摘されるような恐

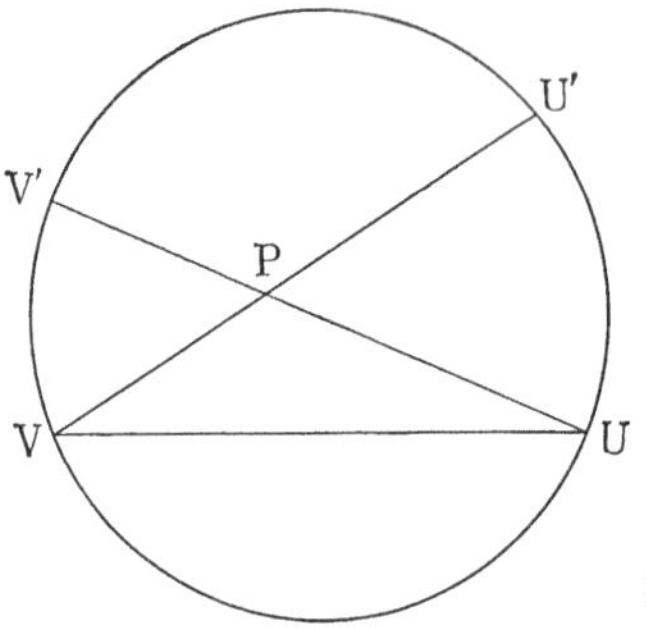

2.34

れのある論文は決して発表しようとしない、ということは前に言ったとおりだ。そうすると非ユークリッド幾何の発表をためらっていたのは、この研究に対して幾分かの懸念があったのだと見るよりほかないだろう。するとこの懸念は何だったのか。

これは実は誰にも本当のことはわからないと思うのだが、君がせっかく聞くのだから、僕の臆測だけを話しておこう。

A君　それは先生のマル秘ですか。

老生　無批判に信じ込んでも困るが、こういう説もある、というところかな。では始めよう。

第一、「平行線の公理を否定しても矛盾のない幾何ができる」

右のことを人々に説得するだけの十分な拠り処《どころ》をガウスはまだもち合わせていなかったのではないか。

前に考えた2.34図のような非ユークリッド幾何のモデルは、ずっとあとになってクラインが作ってから、やっと人々が安心してこの幾何の存在を認めるようになった。しかしガウスは「モデル」の考えをまだもっていなかったのだということ。

第二、「矛盾がないとはどういうことか」

これを俗人に問い詰められたとき、大ガウスにはどう答えられるか、これも大問題だしね。「モデル」を作るにしてもユークリッド幾何に矛盾がないことが前提だし、ユークリッド幾何に矛盾がないことをいうには、実数に矛盾がないこと、またはもっと遡って整数に矛盾がないことを認めなければならない。

A君　整数に矛盾がないことはガウスにもわかっていなかったのですね。

老生　矛盾がないことをどうやって示すのだ、という数学基礎論にたどりついてしまう。こうなるともう普通の数学ではなくなってしまうよ。これは大問題で、ガウスもここまで遡られてはさすがに手がつけられなかったろうと思うよ。

A君　整数に矛盾がないことを知らないで、どうしてガウスは『整数論』を発表したのですか。俗人に質問されたとき、困るじゃありませんか。

老生　いや、整数に矛盾があるか、ないかは、誰も今まで問題にしていなかったし、誰も矛盾がないことを当然として研究したり、論文を出していたのだから、それは構わない。

A君　では非ユークリッド幾何も整数に矛盾がないのだったら、別に問題は起こらないのと違いますか。

老生　いや、非ユークリッド幾何は怪しいもんだ、という先入観があるから、その怪しい根本《ねもと》を次から次と疑ってかかる。すると最後に行きつくところは、整数だって怪しいのではないか、となる。つまり整数に矛盾があるか、ないかの大問題が、今までは起こっていなかったが、非ユークリッド幾何を契機として、改めて起こって来る、ということだよ。寝ている子を起こす、というようにね。それがこわかったのではないか、というわけだ。いや整数まで行かなくても、実数がまだその頃は怪しかったからね。

A君　つまりガウスは数学の基礎がわからなかったので、その上に立つ非ユークリッド幾何のことも、うかうか口外できない、と先生はおっしゃるわけですか。

老生　うかつに発表すると大ガウスの権威にかかわるかも知れないからね。

A君　しかしボヤイやロバチェフスキーの論文を推薦する位はできたのじゃないのですか。

老生　大ガウスが推薦するということは、ガウスが論文の正否について全責任をもつことだから、これは今まで考えて来たことからわかるように到底できるはずがない。

A君　わかりました。結局、ボヤイもロバチェフスキーも大ガウスのとばっちりを受けたのが不運だった。

老生　ロバチェフスキーはまだいい。自分と同じ幾何をほかの人も発見していたことはまったく知らずに、ただ自分の仕事がそのうちに人々に知られる時がくるのを信じていればよかった。しかしボヤイは父親から神様のように教えられ、自分でも憧れていたガウスに手痛く裏切られたのだからね。こういうことから父にもうらみが向けられて、救いようがなく惨めだ。

A君　では非ユークリッド幾何はいつ頃、知られるようになったのか話して下さい。

9　非ユークリッド幾何の普及

老生　一八五五年二月二十三日にガウスが七十七歳でなくなってからしばらく経つと、全集がボツボツ出始めた。その中には親しい人達との間の文通、貴重な日記や記録などがあって、ガウスは非ユークリッド幾何というものを知っていたがうるさい世評をいやがって発表しなかったこと、ロバチェフスキーとボヤイが発表していた論文をガウスが読んでいて、友人にはこの両人の才能を高く評価していたこと、などが続々と明らかになった。

リーマン

それまでは、妙な幾何があるらしい、といううわさがいつとはなしにただよっていたのだが、非ユークリッド幾何なるものが存在するというガウスの一言はたちまちヨーロッパ中に喧伝《けんでん》され、一八六七年にはロバチェフスキーのドイツ語の論文がフランス語訳され、次に一八六八年にはボヤイの『試論』付録の論文がフランス語訳されることになった。ところがこれとほとんど同時にまったく別の数学者が、もっと一段と次元の高い非ユークリッド幾何を考えていることがわかった。

リーマンの出現

A君　非ユークリッド幾何がまだほかにもあるのですか。

老生　若くして死んだリーマン（一八二六－一八六六）がその人で、リーマンは牧師の子で病弱という以外はおとなしいせいか、人にも好かれ、天賦の才能を認められて短いながら稔りの多い幸福な一生を送った。

ゲッティンゲン大学を卒業したのだが、その前にベルリン大学でヤコービ（一八〇四―一八五一）、ディリクレ（一八〇五―一八五九）、シュタイナー（一七九六―一八六三）などの一流の講義を聴き、新しい数学の空気を吹き込まれた。ゲッティンゲンにもどってとった学位論文の「複素関数論の基礎」はガウスを驚歎《きょうたん》させたが、物理学者のヴェーバーの助手をつとめながら純粋数学のほか、理論物理学にも力を入れた。大学の就職講演は七十七歳のガウスを面前に行ったもので、のち有名になった『幾何学の基礎にある仮定について』（一八五四年）であった。このときリーマンは目の前にいるガウスがすでに非ユークリッド幾何を作っていたことは夢にも知らずに幾何学の基礎について次のように論じた。

幾何学はユークリッドからルジャンドルに至るまで基礎がはっきりしていないが、これは n 次元空間を考えないからである。曲面の代わりに n 次の拡がりをもつ多様体を考え、その中でガウス先生が曲面論で行ったと同様にして一般の曲率を考える。すると、例えば一定曲率の空間だと図形の長さを変えずに移動することができる。だから曲率が0ならば我々の空間と同様な幾何ができるが、曲率が正の定値をとると、空間はちょうど球面のように、直線はいくらでも延長はできるけれども、無限には拡がらないで、有界であり、元へもどってくることがある。一般に各点で曲率が異なるような空間ももちろん考えられるが、どの仮定が物理現象を説明するのに適当であるかは観測によって決めることになろう。

リーマンの幾何はこのように宇宙の解明に結びつけた、次元も三次元に留まらない壮大なものだった。(補講9)

A君　リーマンの幾何は非ユークリッド幾何を超えたウルトラ・ユークリッド幾何ですね。

老生　うまいことをいうね。ガウスはこの講演をきいていつになく感激した模様だったというが、平行線が一本引けるとか二本引けるとかいうのは小さな問題になってしまう。

A君　リーマンの講演には、すぐほかの反響があったのですか。

老生　あれは一般講演だったので当時は別に印刷もされず、リーマンの死んだ翌々年、一八六八年にデデキントの編集でゲッティンゲンの学会から初めて出版され、センセーションをまき起こした。

A君　リーマンはその頃はもう有名だったからですね。

老生　関数論、アーベル関数論、整数論など、手をつけたものは全部新しい道を示したものだったが、幾何学にまで新方面を開いたとは驚きだったのだ。

クラインとモデル

A君　結局非ユークリッド幾何が一八六八年に全部出そろって、やっと世の中で認められるようになったわけですね。

老生　いやいや、ロバチェフスキーの論文もわかりにくいところがあるし、リーマンの講演は暗示的でただ読んだだけでは、その道の人以外には雲をつかむようで、そう易々

クライン

と世人に理解されるものではない。非ユークリッド幾何が矛盾なく存在する、というのはいったいどういうことをさすのか、これが具体的に目で見えるようにわかるようになったのは、クラインが幾何のモデルを作って盛んに宣伝してくれてからあとのことだ。それも初めはずいぶん抵抗があった、とクライン自身が述懐している。

クライン（一八四九―一九二五）はドイツのデュッセルドルフに生まれ、初めは物理学者になるつもりで、ボン大学を出たばかりのときはプリュッカー（一八〇一―一八六八）という、本来は数学者だがその頃は物理学教授だった人のところで物理実験の助手をつとめていた。この先生がなくなってからゲッティンゲン大学へ行ったが、この大学の数学教室の雰囲気がとても研究的だったので、クラインはすっかりその魅力に取りつかれ、とうとう物理から離れて数学者になる修業をつんでしまった。それから一時、ベルリン、パリと遠征を試み、もう一度古巣のゲッティンゲンにもどってきたが、その途中リー（一八四二―一八九九

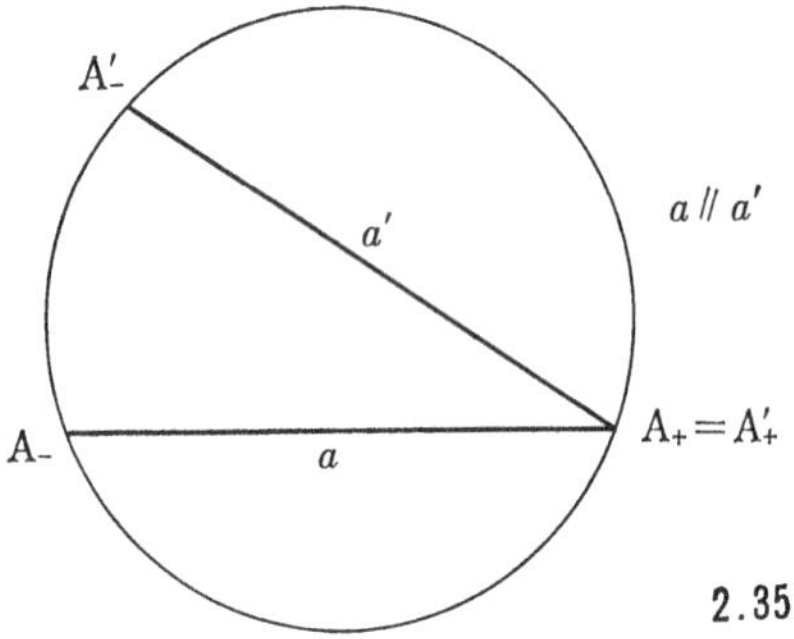

2.35

九）という、ノルウェー人と知り合った。両人とも幾何が好きだったので意気投合し、盛んに研究に励み合い、その結果として結局クラインはエルランゲン大学教授に呼ばれ、リーもまたオスロ大学教授にまねかれることになった。リーは後にリー群と呼ばれる連続群の研究で有名になった。

ところでクラインはちょうどベルリンにいた頃、シュトルツ（一八四二－一九〇五）という友人からちょうど噂にのぼり始めたばかりの非ユークリッド幾何の話をきかされたが、クラインはすごく勘のいい人でね。その途端、これは前にサーモン（一八一九－一九〇四）の円錐曲線論で読んだ覚えのあるケーリー（一八二一－一八九五）の射影的計量というものとどうも関係がありそうだ、と直感したというんだ。

A君　実際、関係がありそうにも見えないことだったんですか。

老生　うん。おもしろいことにね、クラインはちょうどそ

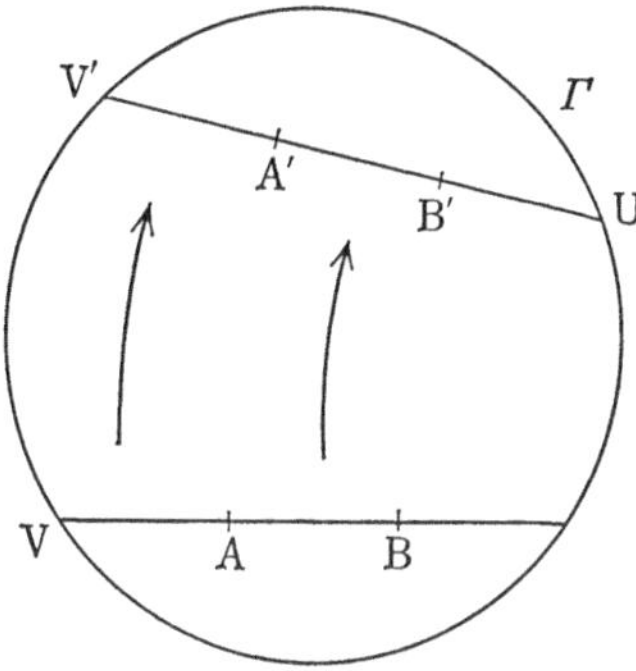

2.36

のとき、かの有名なワイエルシュトラス（一八一五—一八九七）のゼミに出席していたのでこの話をもち出したというんだ。すると先生に言下に「そんな関係があるわけがない」と一喝、否定されてしまった。この大先生の一言に恐れをなして、しばらくはその考えを引っ込めてしまったという。ところがゲッティンゲンにもどった頃はまた元気をとりもどして、とうとう円の中に目に見えるような「非ユークリッドのクラインのモデル」を作りあげてしまった。

（2.35図）

A君　これは前にやった図と同じですね。

老生　そうだよ。あれはクラインのモデルを借りて来たのだ。ただ違うのはね、円の中で図形を動かしてみせることなのだよ（2.36図）。直線を直線のまま動かす「射影変換」という変換でね。これが円の中での「合同変換」というわけだ。だから円の中に幾何ができているのが目に見えるようにわかる。平行線が二本引ける非ユークリッド幾何が目の前に見えるのだから、この幾何の存在は疑う余地がない。

A君　矛盾があるとかないとか、の議論は吹っ飛んでしまいますね。

老生　幾何は図形を動かす動かし方によって決まるものだ、というのが非ユークリッドのモデルを作るときに得られたクラインのアイディアだ。

A君　この幾何の定義がクラインのエルランゲン・プログラムなんですね。

老生　君よく知ってるじゃないか。クラインは幾何学とはこういう数学なのだという、大きな構想を引っさげてエルランゲン大学へ教授として乗り込んで来たわけだ。

A君　そのときクラインはまだ二十いくつ……。

老生　二十三歳の意気軒昂たる若手数学者だった。

A君　プログラムとはどういう意味ですか。

老生　クラインがエルランゲン大学に就任するとき大学へ研究計画として提出した『最近の幾何学研究についての比較考察』という論文がその後すっかり有名になったのでエ

ルランゲン・プログラムと呼ばれるようになった。プログラムとは政見演説などの政見のようなものをいうので、見解、具体的には計画のことだ。以前はエルランゲン目録と訳していたが目録ではおかしいので、このクラインの論文が邦訳されたのを機会に原語のままエルランゲン・プログラムと呼ばれるようになったというわけ。プログラムなどという国際語はそのまま使った方が無難だ。

僕は若い頃Verband（フェアバント）という、まだ目新しかった数学用語を何と訳したらいいか迷って高木貞治先生にお伺いを立てたら、先生からは無理に訳さない方がよかろうとの返事が返ってきた。しかしこれはドイツ語だったし、困ってしまい、試みに結束の結を除いて束《そく》と訳してみた。すると漢字特有の造語の便利さで抵抗もなく通用してしまったが、束は元来タバという意味だからbundleも束だし、訳語としてはよくなかったと今では思っている。中国では束の英語のlatticeをそのまま訳して「格」といっているそうだ。プラズマ研究で有名な伏見康治さんは同じころ、「あや」という訳語を提唱していたが、大和言葉は単独には響きがよくていいのだが、造語が作りにくくて困るね。僕は漢字を使うのは好きじゃないのだが、何とかならないかねえ。

A君　束もクラインに関係があるのですか。

老生　これは失礼。話をもとにもどすと、また繰り返しになるが、クラインは非ユークリッド幾何のモデルを作ったときの経験から、いろいろな幾何の違いというのは、ただ平行線が一本引けるとか引けないとかいう個々の図形的の違いでない。もっと一般的に幾何を考えるとき当然出てくる平行移動だとか回転だとかいう運動、即ち空間の変換群こそが幾何の違いを決める「決め手」であることを見てとって、それをエルランゲン・プログラムにまとめたわけだ。

A君　クラインは非ユークリッド幾何のモデルを作っただけで終わったのではなかったわけですね。

老生　新しい幾何を生む契機を作った功績も大きいが、モ

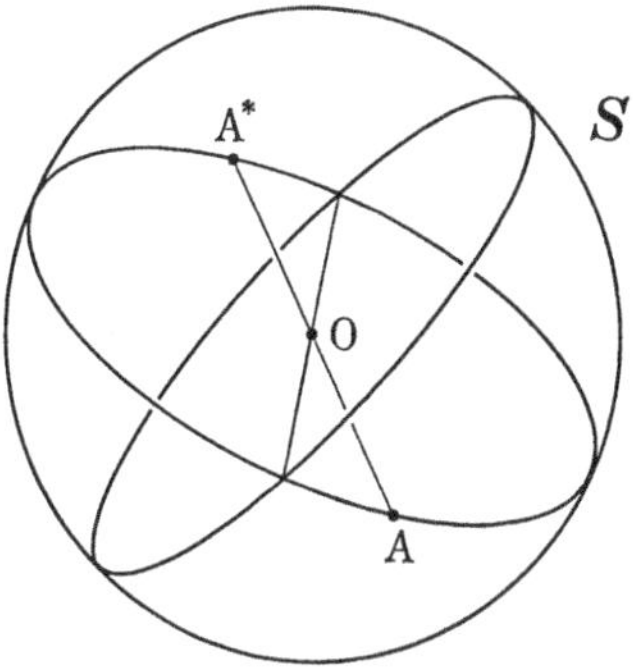

2.37

デルを作る、という考えも別の大きな意味をもっている。ヒルベルトなども幾何学基礎論では先輩のクラインの故知にならって盛んにモデルを作っては、公理の独立性など証明している。クラインも晩年に自慢しているよ。

A君　何か懐古談でもあるのですか。

老生　クラインに『十九世紀における数学発展史』という講義があるが、自分も歴史中の人物として動いているのが、生き生きとしていておもしろい。

A君　リーマンの幾何はどうなんですか。

老生　球面上で大円を直線と考える球面幾何も、リーマンの考えでいけばやはり幾何には違いないが、もし球面上で中心Oに対して対称的な二点（対心点）A、A*をいつでも「一点」とみなしてしまえば、大円は必ず二個の対心点、即ち「一点」で交わるから、大円を「直線」と考えると「平行線」は存在しない。（2.37図）しかし二つの「点」を通る「直線」はちょうど一つしかないから、まあ普通の直線並みといってよかろう。こういう幾何をリーマン型非ユークリッド幾何というが、クラインはこれを楕円幾何と名づけ、ガウス型の非ユークリッド幾何を双曲線幾何と名づけた。

　非ユークリッド幾何の歴史はこの位にして、次はこの幾何のモデルについて考えよう。

第3部

非ユークリッド幾何のモデル

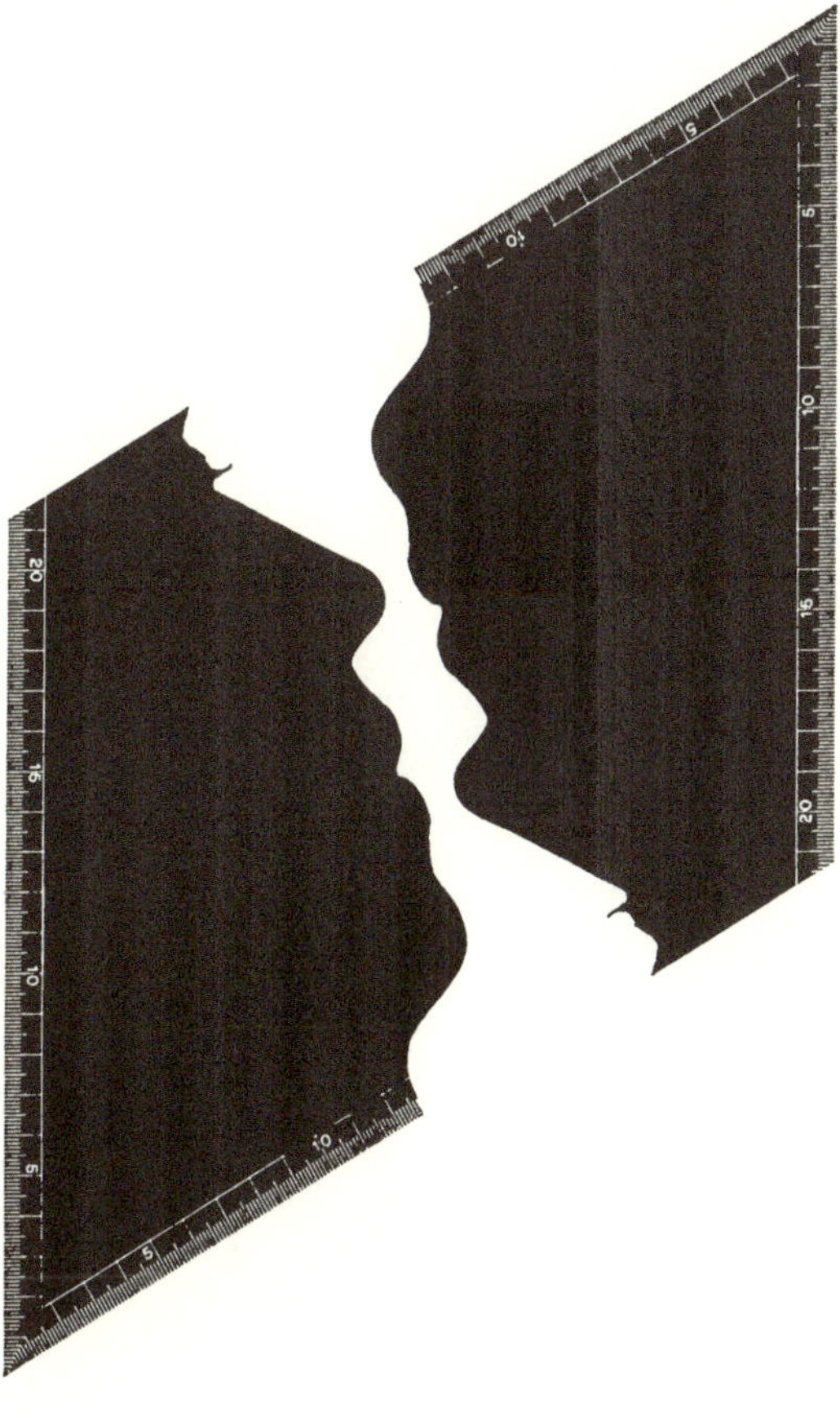

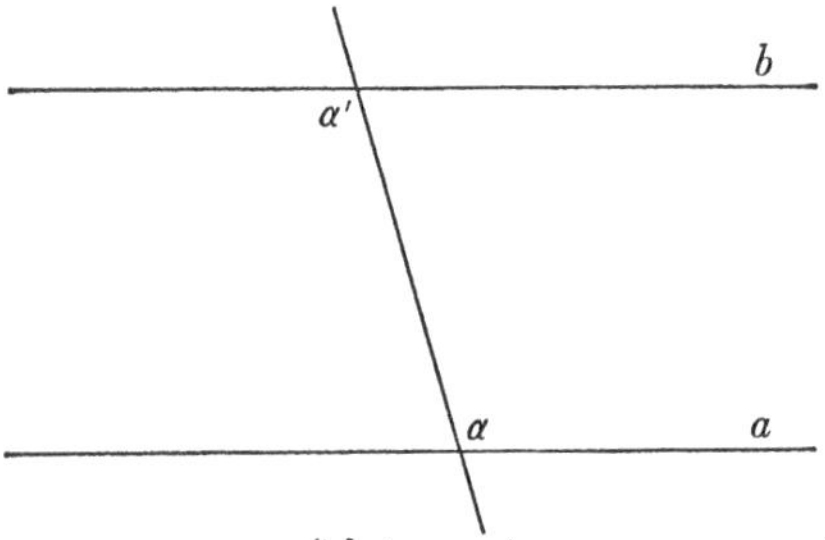

$a /\!/ b \Rightarrow \alpha = \alpha'$

3.1

老生　普通の平面上で非ユークリッド幾何を作るのは大変わかりにくい。クラインはそれを円の中へ作ってみせたわけで、これをクラインのモデルという。ここではそれを少し変えて、半球面上に作ってお目にかけよう。

1　まず球面に馴れよう

老生　北半球、つまり半球面上に非ユークリッド幾何のモデルを作ってみせるのだが、初等幾何のおさらいから始めよう。証明は君やってくれたまえ。

A君　わかりました。

老生　では、まず平行線とは、同じ平面上にあって共通点のない直線をいう。するとユークリッドの平行線の公理とは、$a /\!/ b$で平行を表すと、次のようにいい表すことができる。

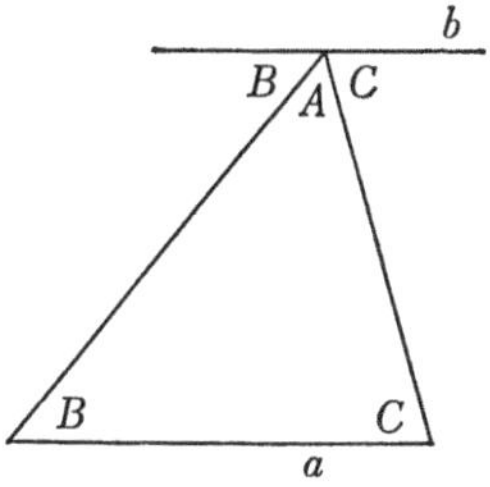

3.2

平行線の公理　$a/\!/b$ならばa、bを直線cで切ったとき錯角α、α'は等しい。$\alpha=\alpha'$（3.1図）

これは凄く便利な公理で、非ユークリッド幾何はこの公理がないのでむずかしくなるわけだ。平行線の公理からすぐに次の定理がでる。

内角定理　△ABCの内角の和$A+B+C$は二直角である。

A君　証明は3.2図のとおりです。

老生　次は一足飛びに

内接四角形定理　円に内接する四角形の対角の和は二直角である（対角は互いに補角である、ともいう）。

A君　さあ……。

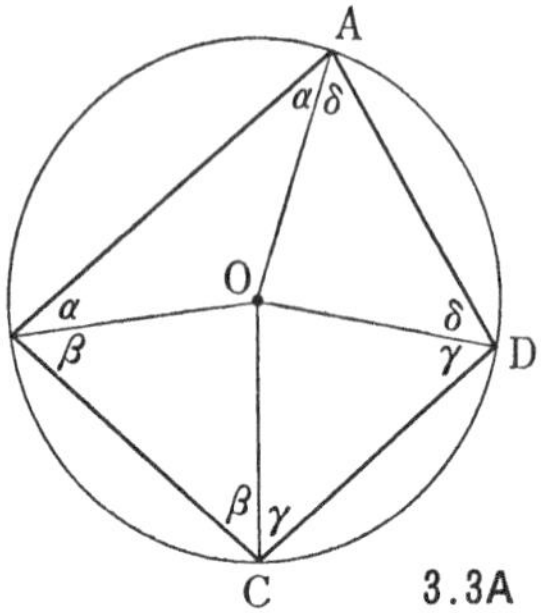

3.3A

$A+C=B+D=180°$

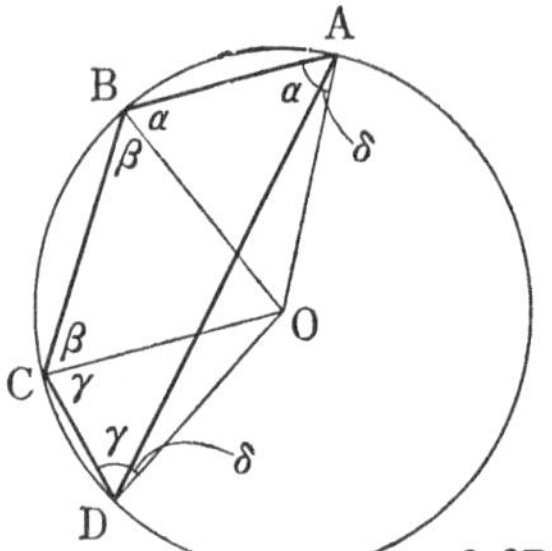

3.3B

$A+C=B+D=180°$

老生　中心Oと頂点を結んでごらん。あとは図から見当がつくだろう。（3.3A図）

Oが□ABCDの外に出るときも、図をちゃんと描けばわかるよ。（3.3B図）

これを使うと次の大事な定理が証明できる。

円周角定理　一つの弧$\overset{\frown}{AB}$の上に立つ円周角∠Dは一定である。（3.4図）

A君　なぜなら∠Dも∠D′も∠Cの補角で等しい。

老生　もう一つ円で大事な定理は比例に関する定理だが、3.5図で点Pから円に割線PXX′, PYY′を引くと

割線定理　PX・PX′＝PY・PY′

A君　（証明）内接四角形定理から3.5図で$\alpha=\beta'$, $\beta=\alpha'$ですから

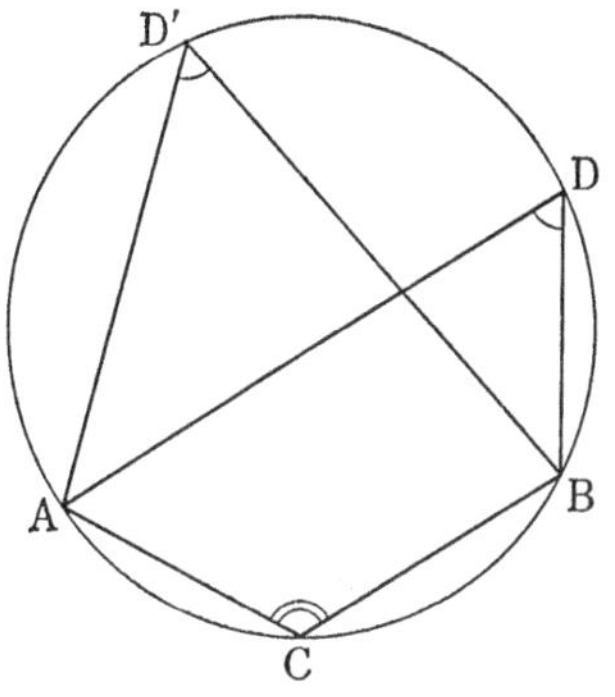

3.4

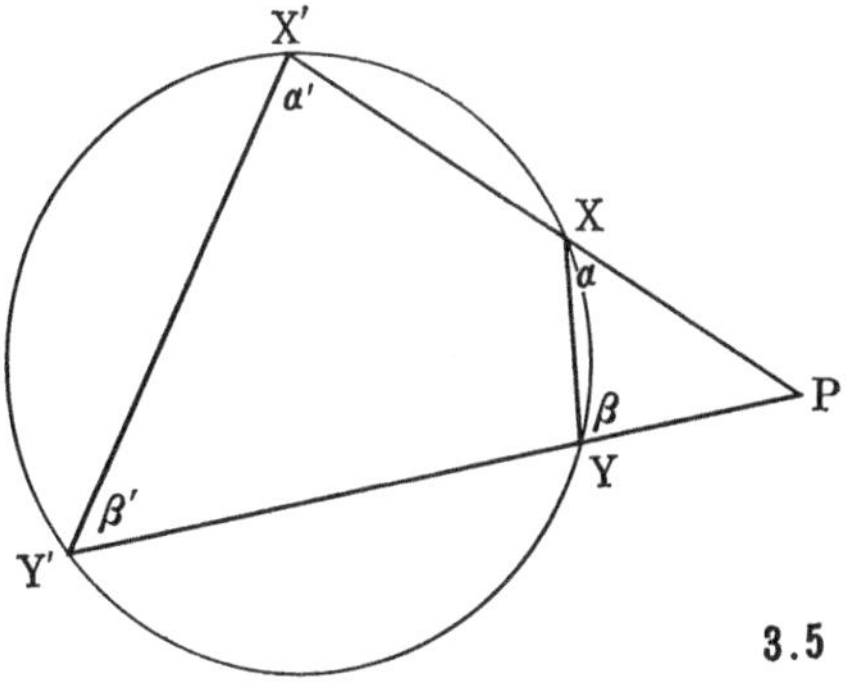

3.5

(1) $\triangle PXY \backsim \triangle PY'X'$（相似）

$\therefore\ PX : PY = PY' : PX'$

$\therefore\ PX \cdot PX' = PY \cdot PY'$

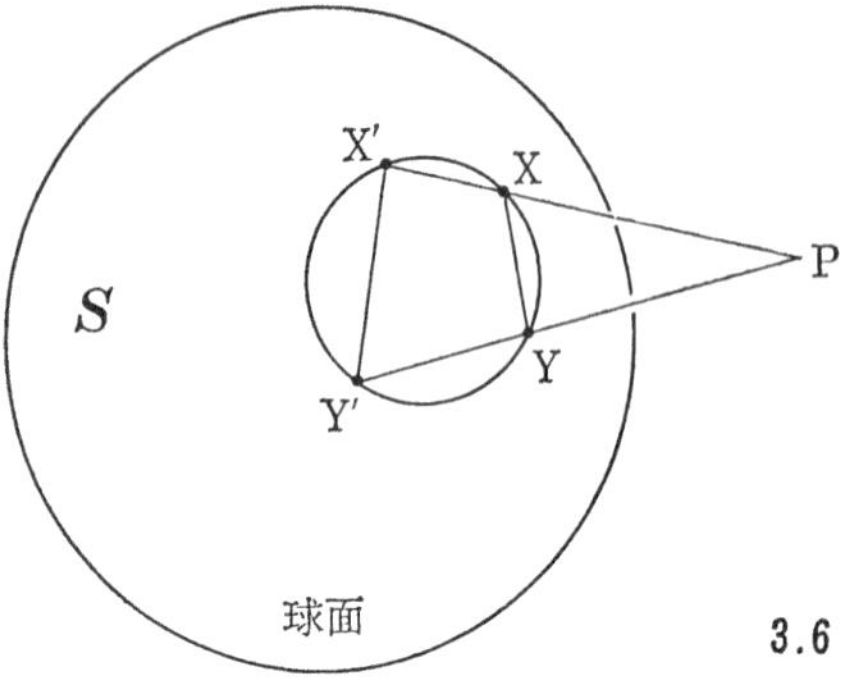

3.6

老生　(1)の相似△からもう一つ

(2) $XY : X'Y' = PX : PY'$

という比例式が出るだろう?

A君　すぐ出ますが、見かけない式ですね。

老生　ところがこの式がここでは役に立つ。使うときの便宜上(2)を書き直して

(3) $XY = X'Y' \cdot \dfrac{PX}{PY'}$

としておこう。

(3)の式はPから球面への割線のときでも同じだが、割線を含む平面で球面を切ると、平面のときの図になることか

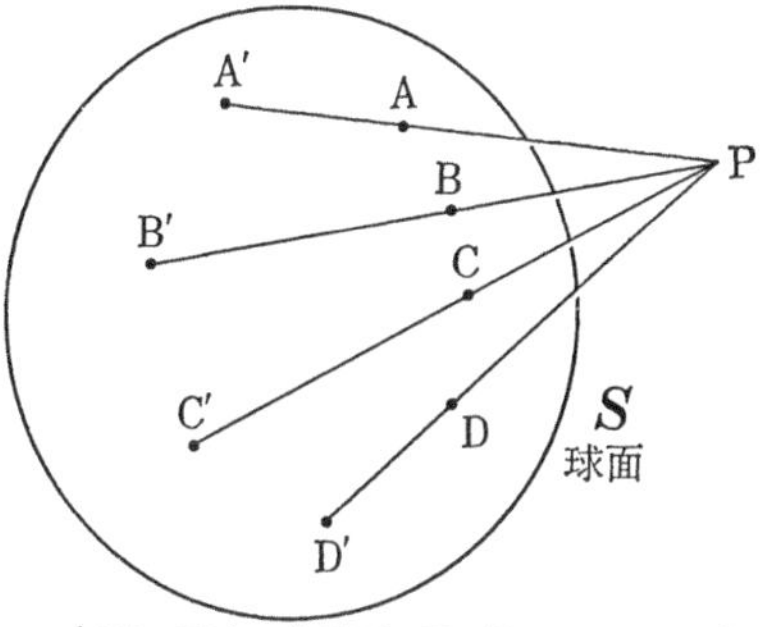

(AB, CD)＝(A′B′, C′D′)　　**3.7**

らわかるね。（3.6図）（XYは線分XYの長さ、他も同じ）
　そこで今Pから球面Sに四本の割線PAA′，……を引いてみると（3.7図）、同じような式が並んで面倒だが

割線　PAA′, PCC′から　$AC = A'C' \cdot \dfrac{PA}{PC'}$

割線　PBB′, PCC′から　$BC = B'C' \cdot \dfrac{PB}{PC'}$

$\therefore \quad \dfrac{AC}{BC} = \dfrac{A'C'}{B'C'} \cdot \dfrac{PA}{PB}$　　（＊）

同じように

割線　PAA′, PDD′から　$AD = A'D' \cdot \dfrac{PA}{PD'}$

割線　PBB′, PDD′から　$BD = B'D' \cdot \dfrac{PB}{PD'}$

$\therefore \quad \dfrac{AD}{BD} = \dfrac{A'D'}{B'D'} \cdot \dfrac{PA}{PB}$　　（＊＊）

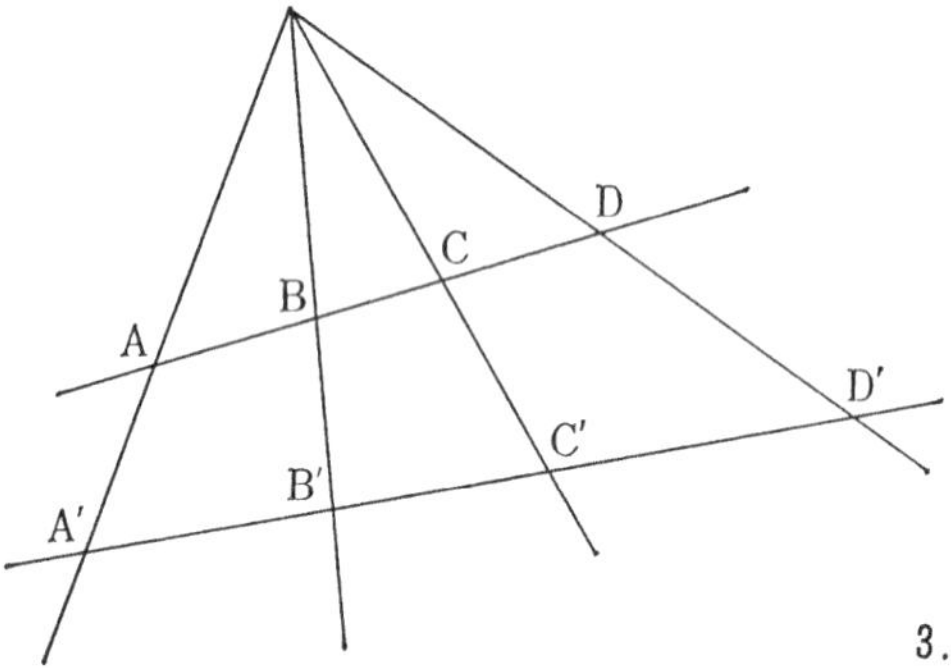

3.8

（＊），（＊＊）から

$$\frac{AC}{BC}\cdot\frac{BD}{AD}=\frac{A'C'}{B'C'}\cdot\frac{B'D'}{A'D'}$$

この式の左辺は$\frac{AC}{BC}$即ちAC：BCという比を$\frac{AD}{BD}$即ちAD：BDという比で割ったことになっているから、比の比、即ち複比という。

A君　一点から出る四本の直線a、b、c、dを二本の直線で切ったときの交点を3.8図のようにA、B、C、D、A′、B′、C′、D′とすれば

$$\frac{AC}{BC}\cdot\frac{BD}{AD}=\frac{A'C'}{B'C'}\cdot\frac{B'D'}{A'D'}$$

となる、という定理が幾何にありますね。パップスの定理とかいう。

老生　それと同じような関係が一点Pから球面に引いた四本の直線についてもいえる、というのがおもしろいだろ

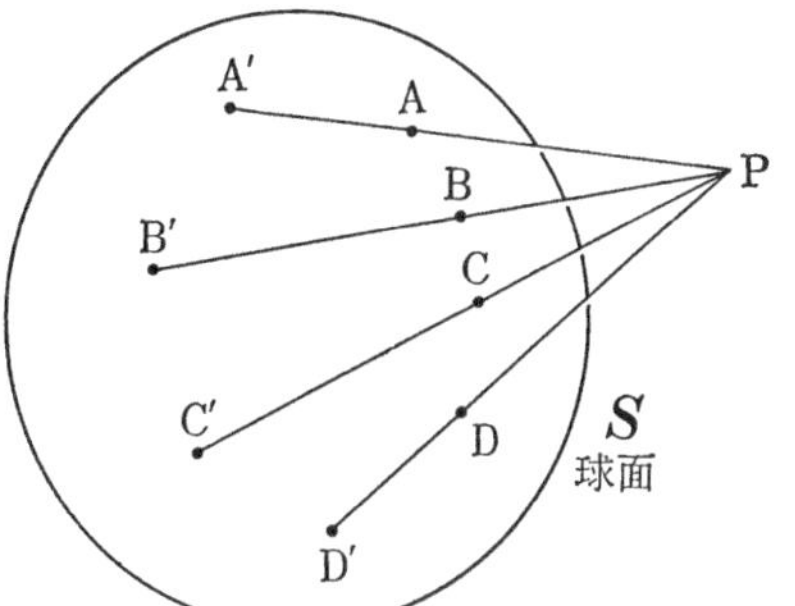

(AB, CD)＝(A′B′, C′D′)　**3.9**

う。複比は射影幾何では非常に大事な量なので普通はわかりやすいように

$$\frac{AC}{BC}\cdot\frac{BD}{AD}=(AB,\ CD)$$

と記号で書くので、それを拝借した。余り見馴れない書き方は覚えるのに手間どるから、これからどうしよう、分数式のままで書いておこうか。

A君　式が出る度に、分数式と記号と両方書いておいて下さい。

老生　それがいいね。で、いまの関係はここでも非常に大事だから、定理の形に述べておこう。

球面上の射影定理　点Pから球面に四本の割線PAA′, PBB′, PCC′, PDD′を引くと

$$\frac{AC}{BC}\cdot\frac{BD}{AD}=\frac{A'C'}{B'C'}\cdot\frac{B'D'}{A'D'}$$

記号で書くと

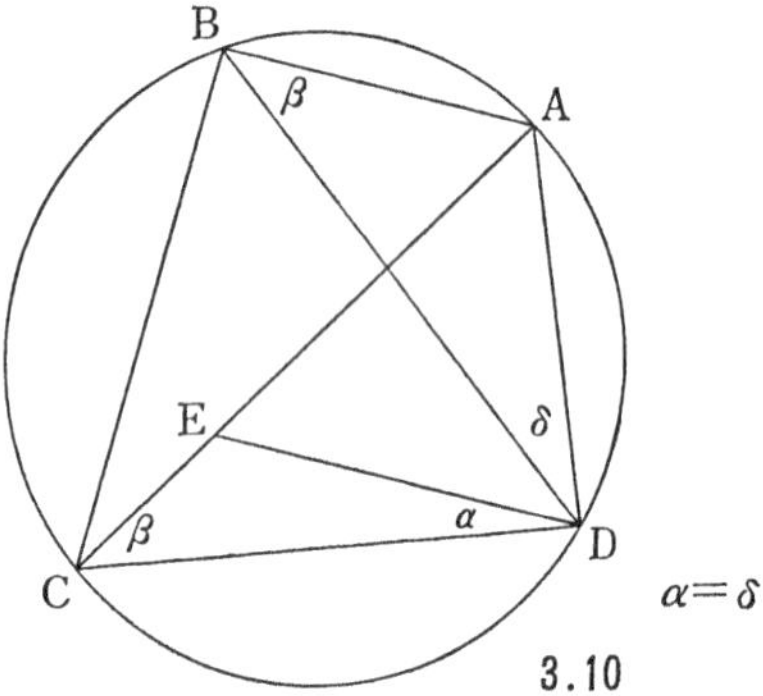

3.10

(AB, CD)＝(A′B′, C′D′)　　である。(3.9図)

これを次のように気取ったいい方をする。

複比の不変性定理　球面***S***上の任意の四点の複比は、球面上にない点Pからの射影によって変わらない。

ここで射影というのは、定点Pを球面***S***上の動点Xと結び、直線PXと***S***との交点X′をXに対応させることをいう。ちょっとむずかしいかな。

ではまた円にもどるが、君はトレミーの定理というのを知っているかい。

A君　円に内接する四辺形ABCDの対辺の積の和AB・CD＋AD・BCは対角線の積AC・BDに等しいというのでしょう。(3.10図)

AB・CD＋AD・BC＝AC・BD

老生　証明は？

A君　ちょっと待って下さい。何でも対角線の積を二つの積の和に分けるようなことをするのですから、対角線上に適当に点Eを取って……そうです、図でαが円周角δに等しいようにEを取ると、β同士は円周角で等しいから

(4)　△ABD∽△ECD（相似）

∴　AB：BD＝EC：CD

∴　AB・CD＝BD・EC　　（＊）

(4)からはまた

AD：BD＝ED：CD

∴　AD：ED＝BD：CD

ところが∠ADE＝∠BDCだから

△ADE∽△BDC（相似）となり

AD：AE＝BD：BC

∴　AD・BC＝BD・AE　　（＊）

（＊）同士を加えると

AB・CD＋AD・BC＝BD(EC＋AE)＝BD・AC

$=AC\cdot BD$ （証終）

老生　この定理の逆が実はこれから必要なんだが、証明できるかな。

A君　背理法でやるんですか、さあ……。

老生　背理法は背理法だけど、君の今の証明を少し変えれば、案外きれいにいくんだよ。だけど普段余り数学に触れていない人には面倒臭いだろうから、逆の方の証明はあとの補講（補講２）でやることにして、ここではトレミーの定理とその逆を承認することにして、一応まとめてみると、

「一直線上にない四点A、B、C、Dがこの順で一つの円周上に並ぶための必要十分条件は

$$AB\cdot CD+AD\cdot BC=AC\cdot BD$$

が成り立つことである」

となる。ところがこの式はね、AC・BDで割って複比の

(i) $\frac{AD}{BD}\cdot\frac{BC}{AC}+\frac{AB}{DB}\cdot\frac{DC}{AC}=1$

(ii) $(AB, DC)+(AD, BC)=1$

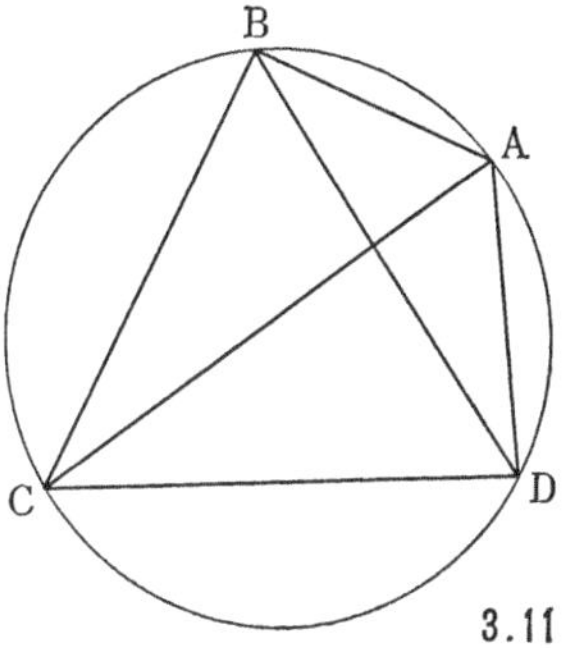

3.11

形に変形しておくと大変具合がいい。これは簡単だからやってみよう。まずAC・BDで割ると

$$\frac{AB\cdot CD}{AC\cdot BD}+\frac{AD\cdot BC}{AC\cdot BD}=1$$

複比の形にするためちょっと書き直して

$$\frac{AB}{DB}\cdot\frac{DC}{AC}+\frac{AD}{BD}\cdot\frac{BC}{AC}=1$$

これでもいいが、項の順をかえると

(i) $\frac{AD}{BD}\cdot\frac{BC}{AC}+\frac{AB}{DB}\cdot\frac{DC}{AC}=1$

上式を複比の記号で書くと

(ii) $(AB, DC)+(AD, BC)=1$

すると

トレミーの定理とその逆　一直線上にない四点A、B、C、Dがこの順で円周上に並ぶための必要十分条件は(i)、即ち複比の記号で書いて(ii)が成り立つことで

ある。(3.11図)

A君　少しむずかしくなりましたね。

老生　まあこのぐらいは我慢してもらおう。この定理からすぐに次のすばらしい定理がでてくるんだから。

円対応の定理　球面$\boldsymbol{S}$上の動点Xを$\boldsymbol{S}$上にない定点Pから$\boldsymbol{S}$上に射影した点をX′とする。このときXが$\boldsymbol{S}$上で円$\boldsymbol{k}$を描けばX′も円$\boldsymbol{k}'$を描く。

いいかえると、$\boldsymbol{S}$上の円$\boldsymbol{k}$を点Pから射影したものはまた円$\boldsymbol{k}'$である。(3.12図)

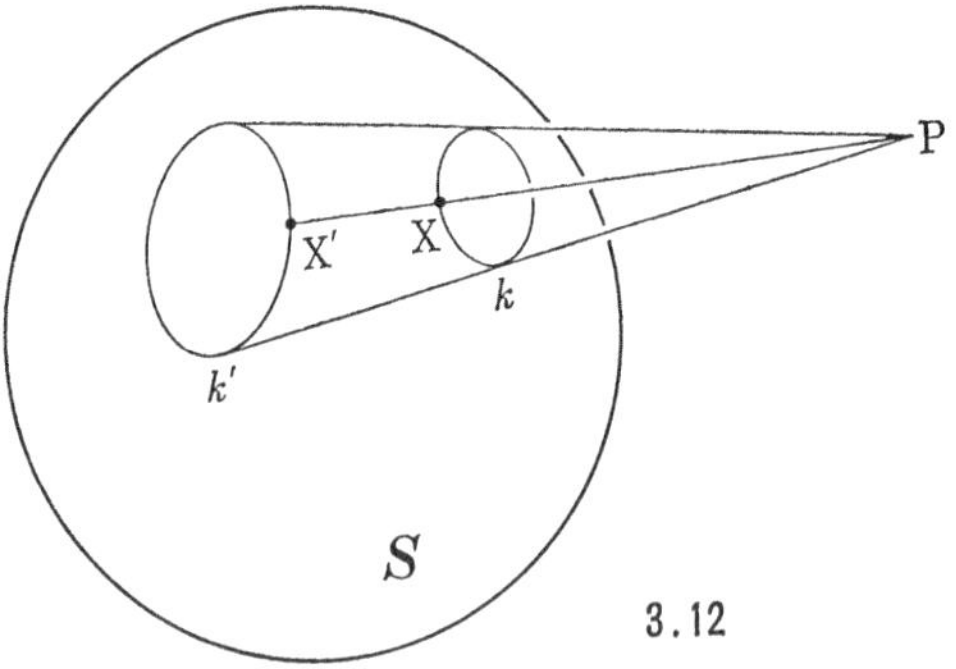

3.12

A君　おもしろい定理ですね。しかし言われてみるとそういう気もします。

老生　証明はいろいろあるが、君はわかりがいいから、今までの準備で大体見当がつくだろう、証明をやってみるかい。

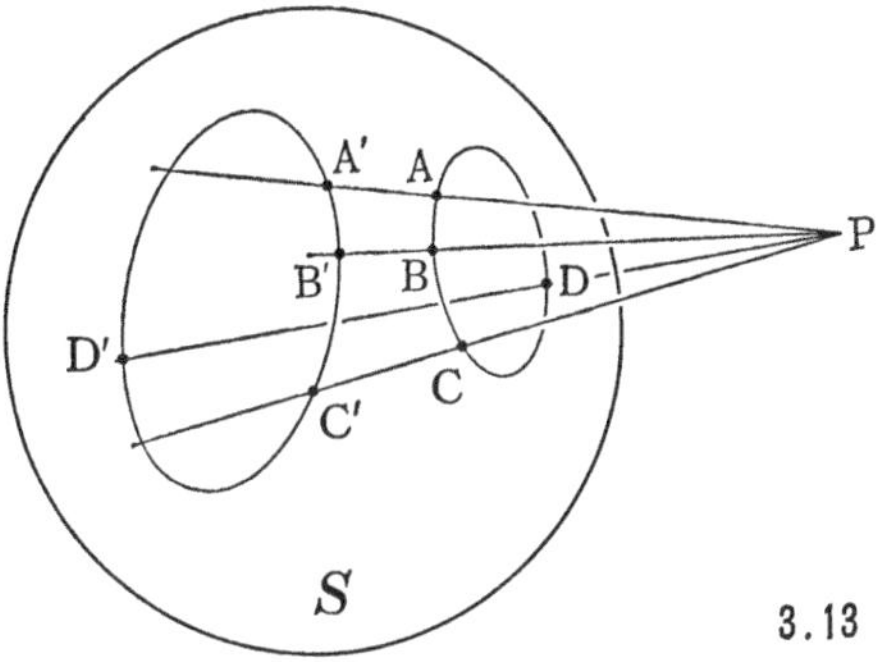

3.13

A君　（口の中で）（k'が円であることをいうにはトレミーの定理を使う。この定理には複比がでてくる。複比は射影で変わらない。）……ええ、わかったようです。まず円k上に四点A、B、C、Dをこの順にとると、トレミーの定理の後の形で（3.13図）

$$\frac{AD}{BD}\cdot\frac{BC}{AC}+\frac{AB}{DB}\cdot\frac{DC}{AC}=1$$

即ち　$(AB, DC)+(AD, BC)=1$

になります。A、B、C、Dに対する点をA′、B′、C′、D′とすれば、複比の不変性定理によって

$$\frac{AD}{BD}\cdot\frac{BC}{AC}=\frac{A'D'}{B'D'}\cdot\frac{B'C'}{A'C'},\quad \frac{AB}{DB}\cdot\frac{DC}{AC}=\frac{A'B'}{D'B'}\cdot\frac{D'C'}{A'C'}$$

$$\therefore\ \frac{A'D'}{B'D'}\cdot\frac{B'C'}{A'C'}+\frac{A'B'}{D'B'}\cdot\frac{D'C'}{A'C'}=1$$

即ち　$(A'B', D'C')+(A'D', B'C')=1$

するとトレミーの逆によってA′、B′、C′、D′も同一円周

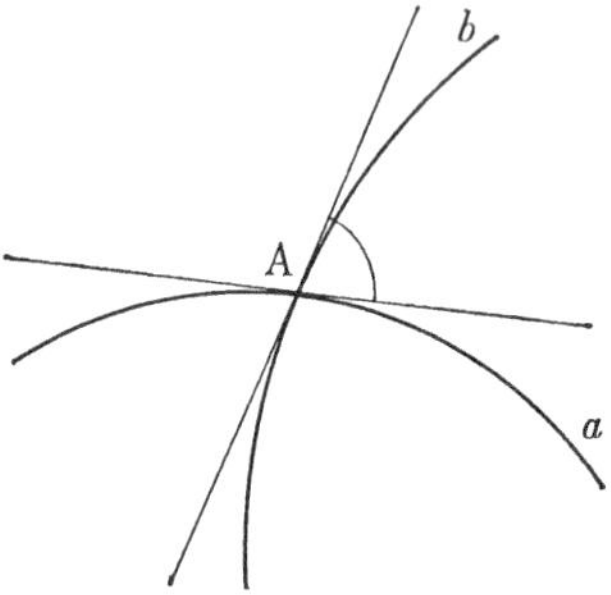

3.14

上にあります。　（証終）

老生　つまりA、B、Cをk上で固定させてDだけを動かせばD′もA′、B′、C′を通る円を描くことになるからね。

A君　そうしますと球面上の円を直線とみたてて幾何を作ろうというわけですね。

老生　お察しのとおりだ。球面上の円を全部直線と見るわけにはいかないけれどね。それで幾何を作る上にもう一つ大事なのは、円同士が交わったときにできる角のことだが、普通、曲線a、bのなす角というのは、交点Aでa、bに引いた接線のなす角のことをいう。（3.14図）

証明しておきたいのは、球面上で曲線a、bのなす角は点Pからの射影で変わらない、ということなのだが、大事な性質だから定理にしておこう。これは一番簡単な場合に確かめておいた方がよくわかる。

交角不変の定理　二つの曲線が球面上で交わって作る角は、射影によって変わらない。（3.15図）

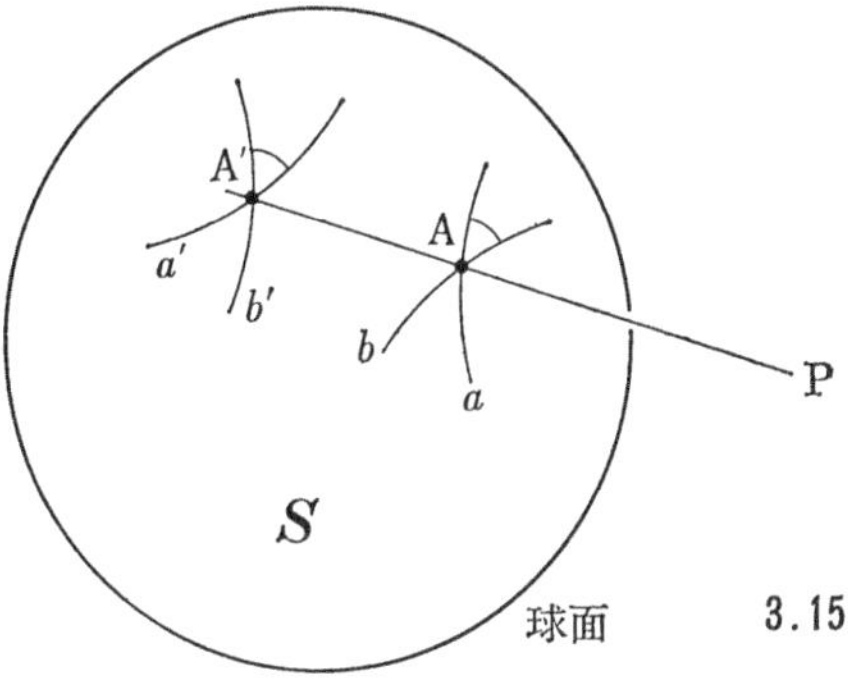

3.15

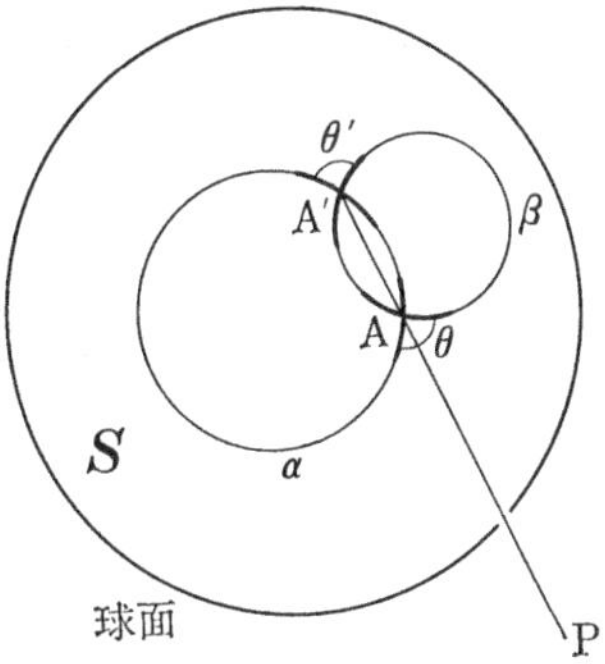

3.16

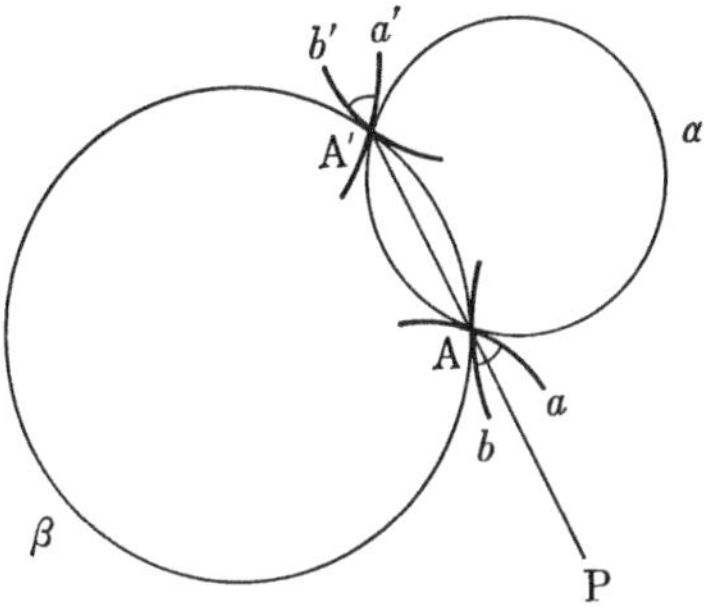

3.17

いまPからの射影でAがA′に移ったとして、A、A′を通る二つの円α、βを描いてみる（3.16図）。そうするとまずαはPAA′を通るある平面と球面との交わりだから、Pからの射影でαはα自身に移ってしまう。同じようにPからの射影でβはβ自身に移る。だからα、βが交点Aのところで作る角θはA′のところで作る角θ'に移るわけだが、α、βは円だからこの二つの角θ、θ'が等しい。ここまではいいだろう。

A君　α、βは円ですから、対称関係でわかります。

老生　次は一般に曲線a、bがAで交わっているときの証明だが、ちょっと面倒だから、補講にしてもいいよ。

A君　一応証明してみて下さい。

老生　一般に曲線a、bがAで交わっている場合は3.17図を見るとだいたいわかるんだけれど、A、A′を通って、Aのところではaに接する円αを描き、もう一つ、同じくA、A′を通ってAではbと接する円βを描くと、Pからの

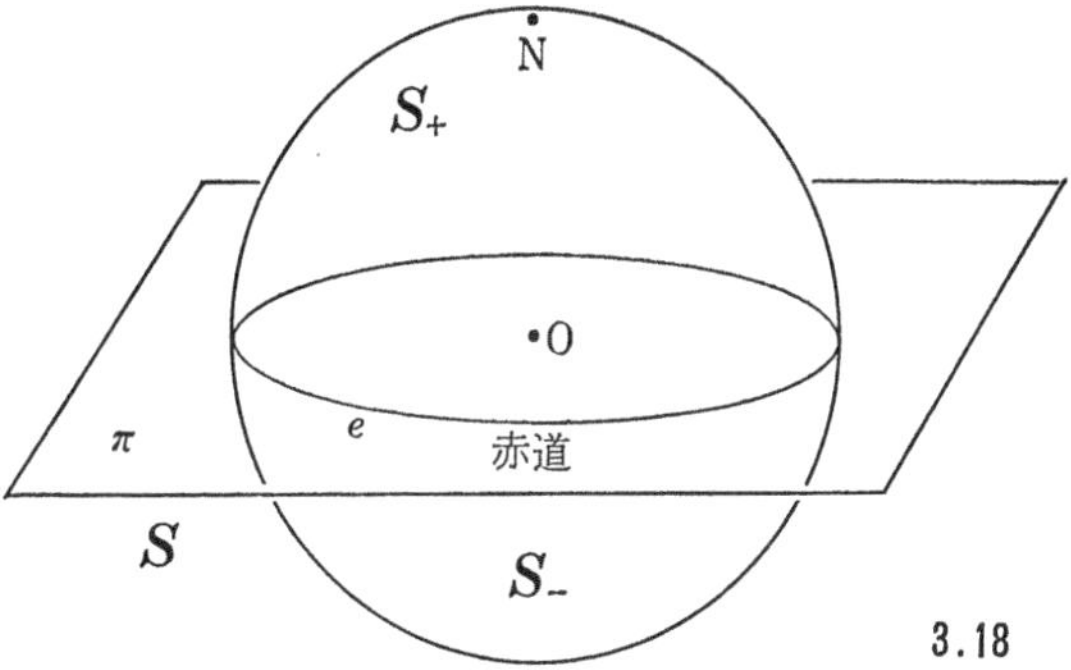

3.18

射影でαはαに移りβはβに移るが、曲線aはαに接しているから射影した結果a'はA'のところでαに接することになる。b'も同じようにA'のところでβに接する。だからa'、b'のなす角はa、bのなす角に等しいわけ――わかるかなあ。

A君　ええ、まあ何とか。

2　モデルを半球の上に作る

平面S_+と直線（VU）

老生　それではいよいよモデルの作製に入ろう。

まず球面Sと、Sの中心Oを通る平面πを定めておく（3.18図）。Sを地球になぞらえ、πを赤道面とみなして、πとSとの交線eを赤道といい、北極をNとして北半球即ちπから上のSの部分をS_+と書く。S_+には赤道eは入れない。このS_+が我々の新しい平面だが、普通の平面と区別す

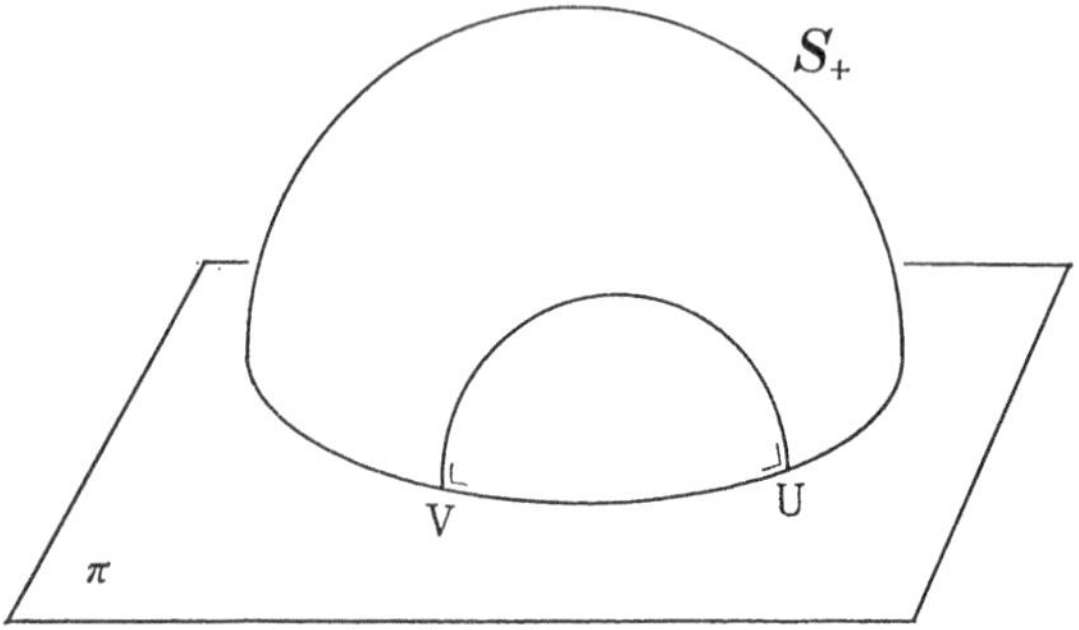

（VU）は直線　3.19

るために「平面」と、、を入れて書く。平面上の点も特に点と書くことにしよう。

　次に直線を定義するわけだが、いま、まん丸い西瓜《すいか》を真っ二つに切って、その一つを切り口を下にして俎板《まないた》の上に置いたとしよう。すると西瓜の皮が北半球S_+に相当するわけだ。このとき包丁を俎板と直角にして西瓜を切ったとすると、この切り口が正に直線なのだ。

A君　数学的にいいますと？

老生　念のため数学的にいうと、S_+を赤道面πに垂直な平面で切ったときの切り口である半円が、直線である（3.19図）。ただし半円の両端U、Vは赤道eの上の点だから直線上の点ではないが、直線の無限遠点と呼ぶのが便利だね。この直線を（VU）と書くことにすると、直線（VU）はその両端U、Vのところで赤道eと垂直になっているのがわかるかしら。

A君　直観的には明らかです。

老生　それで十分。では今度は別の角度から直線を見てみ

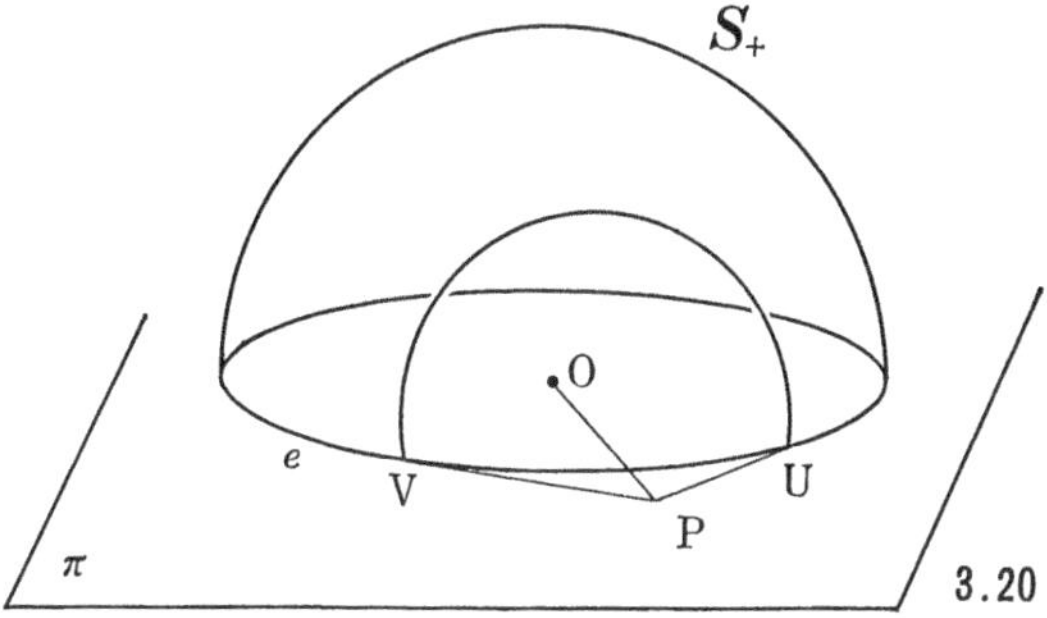

3.20

よう。(3.20図)

いまPを赤道 e の外側にある π 上の任意の点とし、Pから e に二本の接線PU, PVを引いてみる。これを π の真上から眺めると3.21図のようになっているから、P、Oを結ぶと直線POは弦VUを中点Mで垂直に二等分していることがわかる。

A君　円はPOに対して線対称ですからね。

老生　うん、対称の考えはうまい。そこで、直線POを軸としてこの図形を円 e もろとも空間でグルグルと一回転させると、e は球面 $\boldsymbol{S}$ を描き、直線VUはPOに垂直な平面を描くから、この平面と $\boldsymbol{S}$ との交わり即ちU、Vの軌跡は一つの円 $\boldsymbol{k}$ を描くことになる。この円 $\boldsymbol{k}$ の北半球 $\boldsymbol{S}_+$ に入っている部分 $\boldsymbol{k}_+$ がちょうど、U、Vを無限遠点とする直線(VU)になる。(3.22図)

A君　北極Nを通る直線が抜けています。

老生　そうだね。π 上のどこにPをとってもだめだから、Oを通る弦、つまり e の直径VUを引いて、VUの垂直二等

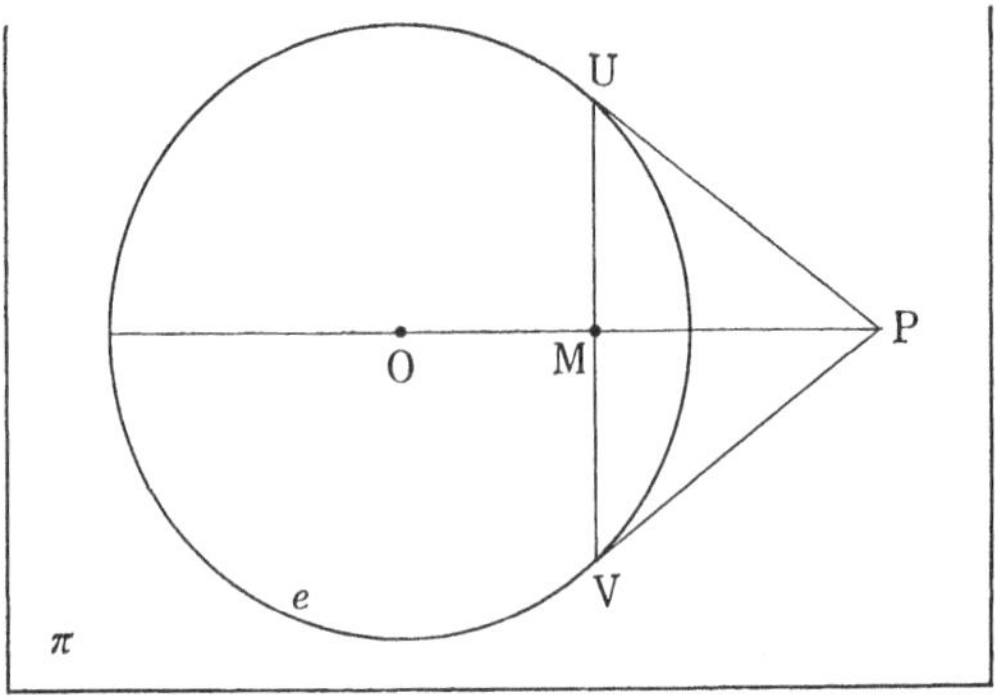

3.21

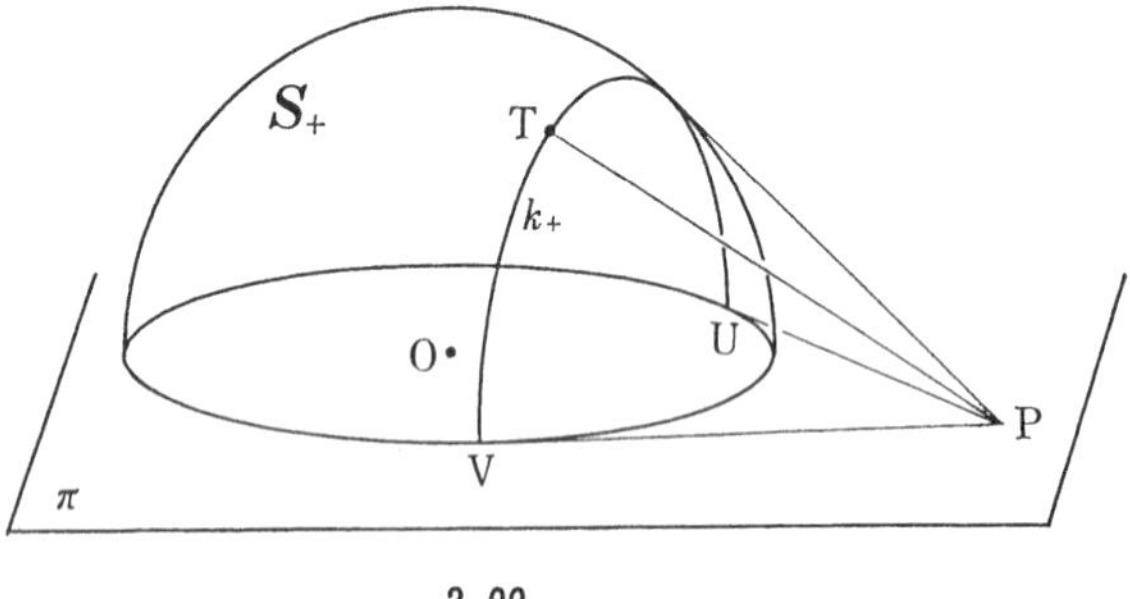

3.22

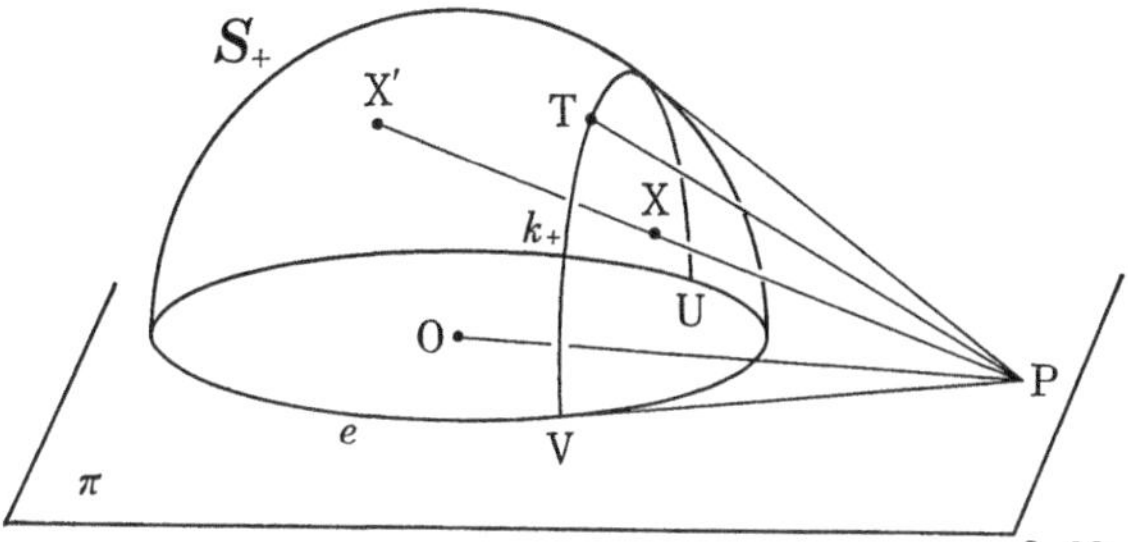

3.23

分線を軸としてU、Vをグルグルッと一回転させることにしよう。これだとこの垂直二等分線上の無限遠点をPと考えることになる。だからこれからはπ上の点Pといったら、π平面の無限遠点も入れておくことにしよう。

A君　わかりました。

鏡映

老生　さて線分PUは――Pがπの無限遠点だとPUは半直線だが――POを軸とする回転でいつも球面$\boldsymbol{S}$に接しながら動くから、そのうちの一瞬間の位置をPTとすると、PTは$\boldsymbol{S}$への接線になる（3.23図）。逆に考えれば、Pから球面$\boldsymbol{S}$に接線PTを引くと、Tの軌跡が$\boldsymbol{k}$になるわけだ。もちろんPUもPVもPTの特別な位置の一つだ。

A君　直線PTの軌跡は$\boldsymbol{S}$に接する円錐になりますね。円柱のこともありますが。

老生　そう、その円錐と$\boldsymbol{S}$とが円$\boldsymbol{k}$に沿って接していることになる。それでこういう円$\boldsymbol{k}$のうち$\boldsymbol{S}_+$に入っている部分

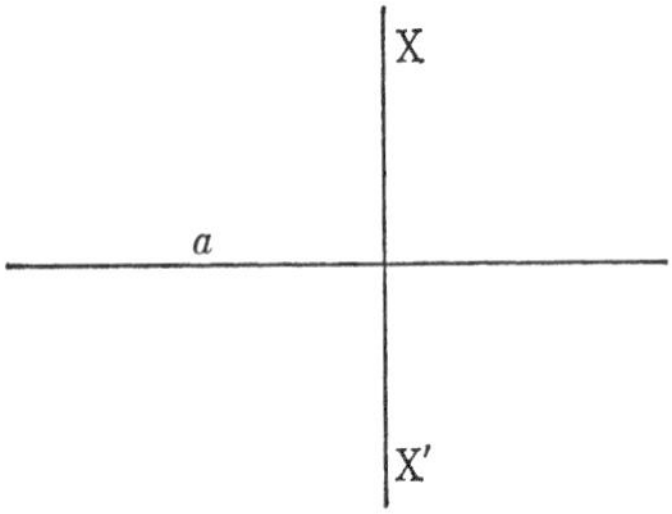

3.24

の直線k_+を点Pの極線といい、逆に直線k_+に対してPをk_+の極という。（極は点ではないが特別の用語なので、をつけた）

次に$\boldsymbol{S}$上の任意の点Xとπ上の定点Pとを結んで$\boldsymbol{S}$と第二の点X′で交わらせたとき、XからX′への対応を、Pを中心とする射影というのだが、特にXが$\boldsymbol{S}_+$上の点のときはこの射影のことをPを中心（または極）とし、Pの極線k_+を軸とする鏡映という。

普通、平面上で直線aを軸とする鏡映というのは、点Xをaに対して対称な点X′に移す対称変換のことをさすのだが（3.24図）、いま述べた鏡映はこの普通の鏡映に大変よく似ている。それはわかる？

A君　3.25図でk_+上の点をTとしますとPTは$\boldsymbol{S}_+$に接していますからT＝Tとなって、k_+上の点はこの鏡映で動きません。ですが、k_+以外の点Xは別の点X′に移り、この移った先のX′は同じ鏡映で元の点Xにもどります。これが普通の対称変換によく似ています。

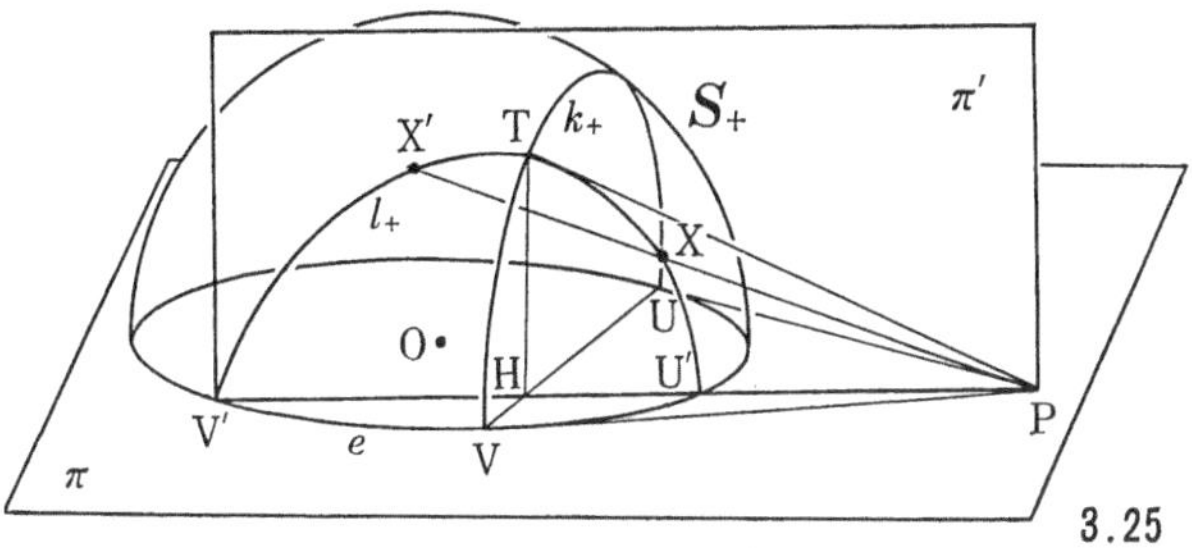

3.25

老生　もう一つ似ている点はないかい。

A君　そうですね、普通の鏡映だとXX′は軸に垂直になりますが……。

老生　だからk_+と直交する直線を探せばいい。例えばまずTから赤道面πに垂線THを下ろし、PとTHを含む平面をπ′とすれば、π′は赤道面に垂直になるね。

A君　もちろんなります。

老生　だからπ′とS_+との交線をl_+とすれば、l_+はもちろん直線だ。ところがTにおけるk_+への接線とPTとは垂直だから、l_+とk_+もTで直交する。このl_+がPからの射影で自分自身に移ることをいえば、$l_+ \perp k_+$だ。

A君　$l_+ \perp k_+$はほとんど明らかで、l_+上の一点をXとすれば、PXを通る直線はπ′上の直線ですから、PXとS_+との交点X′はπ′上の点でもあり、従ってX′はPXとl_+の交点になります。l_+はP中心の鏡映でl_+自身に移るわけですから$l_+ \perp k_+$です。

老生　そうだね、これを逆に考えると、

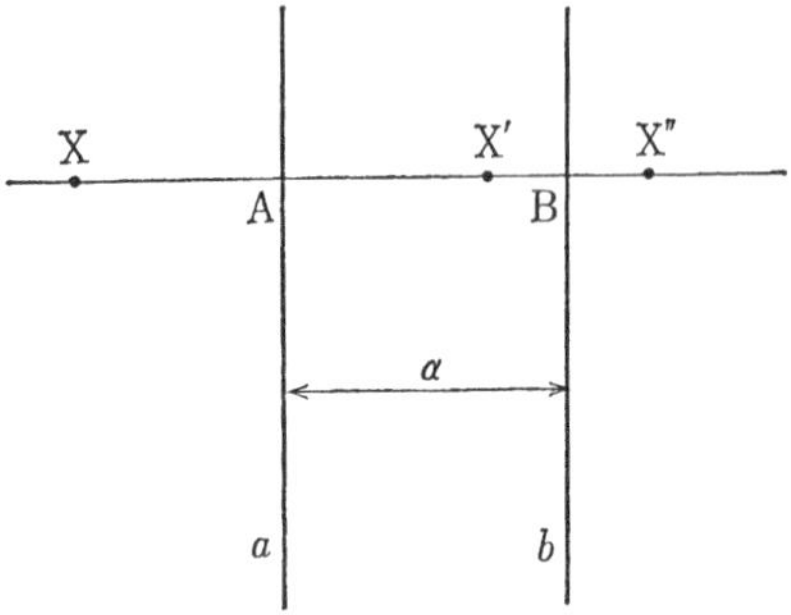

$XX''=2\ AB=2\alpha$　　3.26

「Pから赤道eに割線$PU'V'$を引き、この割線を通ってπと垂直な平面π'を求め、これと$\boldsymbol{S}_+$とが交わってできる直線をl_+とし、k_+とl_+との交点をTとすれば、k_+とl_+はTで直交する」

という重要な、$\boldsymbol{S}_+$上で直交する二直線の性質を証明したことになる。

合同変換

老生　では次に鏡映を使って$\boldsymbol{S}_+$上の移動、つまり合同変換を定義したいと思うのだが、普通の平面で次のことを証明してごらん。

「平行移動も回転も二回の鏡映で表すことができる」

A君　$a/\!/b$としますと、3.26図で点Xはaを軸とする鏡映で$XA=AX'$となる点X'に移り、X'はbを軸とする鏡映で$X'B=BX''$となる点に移りますから、$XX''=2AB$となってXはこの二つの鏡映で2ABだけ平行移動します。

老生　平行移動は大体そういうことだね。

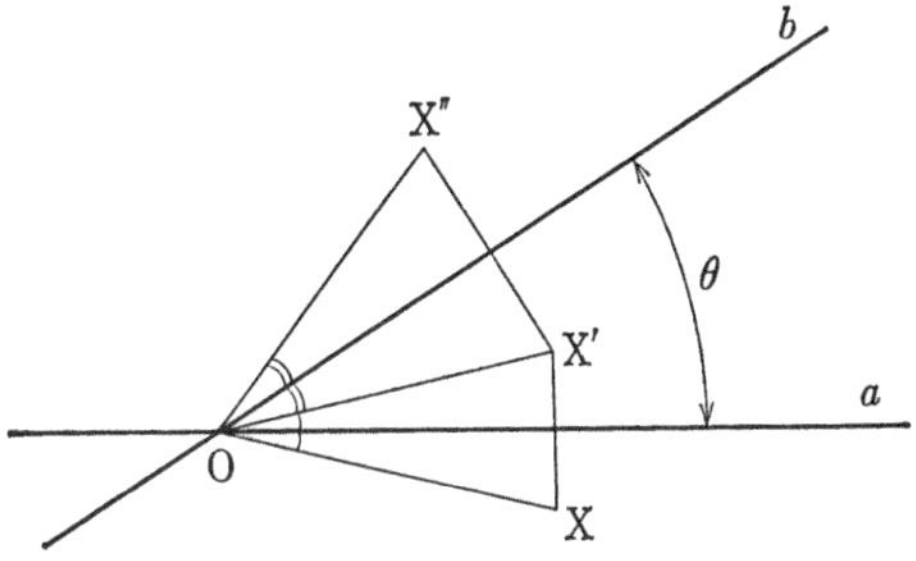

$\angle XOX'' = 2\theta$　**3.27**

A君　点Oで交わる直線a、bのなす角をθとしますと、3.27図でわかるようにXはaを軸とする鏡映でX′に移り、X′はbを軸とする鏡映でX″に移りますから、この二つの鏡映ではXは2θだけ回転した点に移ります。

老生　またその位の証明でわかるだろう。以上のことを数学らしくもったいぶっていうと

「平行移動および回転は二つの鏡映の積で表せる」

となる。

平面上で図形、例えば△ABCをほかの位置△A′B′C′へ移すには、(1) Aを平行移動でA′に移して△A″B″C″を求め、(2) 次に回転でA′B″をA′B′に移して△A′B′C′とすれば、C′はCと一致するかまたはA′B′と対称になるから（3.28図）、結局△ABCは平行移動と回転、または更にもう一つ鏡映を行って△A′B′C′に移すことができる。いずれにしても、前の定理から△ABCは△A′B′C′へ鏡映だけで移すことができるわけだ。

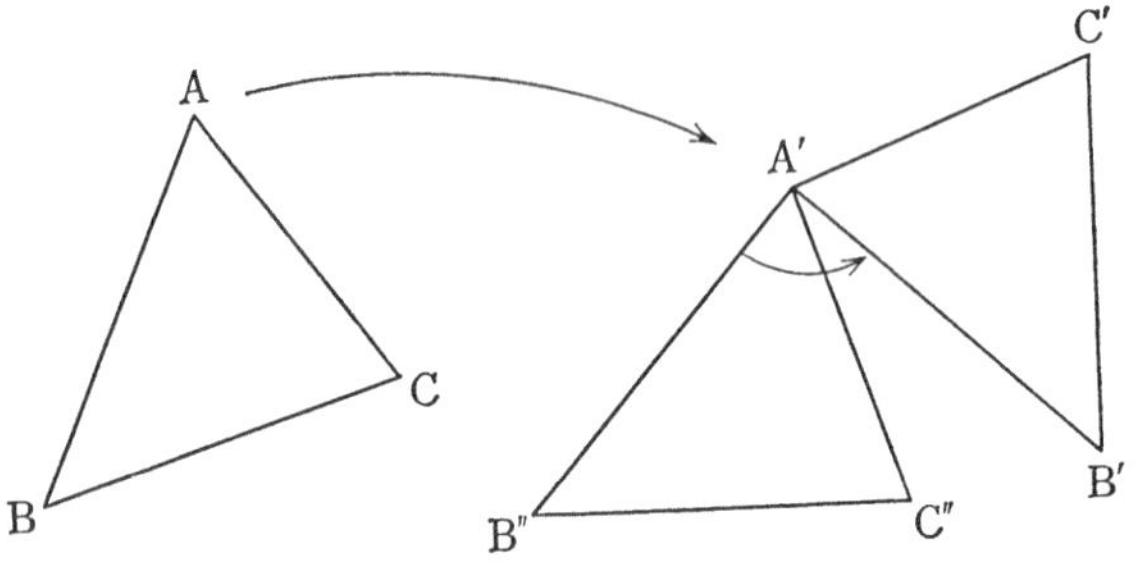

3.28

線分の長さ

A君　この考えを球面上でやろうというのですね。しかし先生、角は鏡映で変わらないわけですが、線分の長さはどうなるのでしょう。

老生　それがうまくいくところがおもしろい。

まず二点A、Bを通ってπと垂直な平面で半球$\boldsymbol{S}_+$を切ると、A、Bを通る直線（VU）が引ける（3.29図）。いま一つの鏡映でA、B、U、VをA′、B′、U′、V′に移すとA′、B′は直線（V′U′）上の点になるわけだが、四点A、B、U、VとA′、B′、U′、V′の複比は変わらないから

$$\frac{AU}{BU}\cdot\frac{BV}{AV}=\frac{A'U'}{B'U'}\cdot\frac{B'V'}{A'V'}$$

記号で　$(AB, UV)=(A'B', U'V')$

この値がABの長さに関係がありそうなことはわかるね。

A君　複比のままでは長さになりませんか。

老生　長さというのは三点A、B、Cがこの順で一直線に

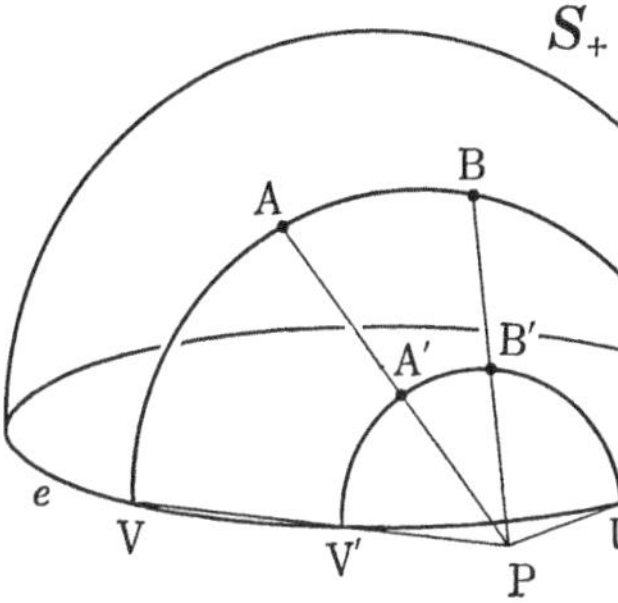

3.29

並んでいたら$\overline{AB}+\overline{BC}=\overline{AC}$とならないと困る。それには線分ABの長さ$\overline{AB}$を次のように定義するといいことがわかる。

$$\overline{AB}=k\log\left(\frac{AU}{BU}\cdot\frac{BV}{AV}\right)=k\log(AB, UV)$$

ただしUはABの延長線上の無限遠点とし、kは任意の正の数とする（kは円を表すkとは無関係）。なぜかというと

$$\overline{AB}+\overline{BC}=k\log\left(\frac{AU}{BU}\cdot\frac{BV}{AV}\right)+k\log\left(\frac{BU}{CU}\cdot\frac{CV}{BV}\right)$$

$$=k\log\left(\frac{AU}{BU}\cdot\frac{BV}{AV}\cdot\frac{BU}{CU}\cdot\frac{CV}{BV}\right)=k\log\left(\frac{AU}{CU}\cdot\frac{CV}{AV}\right)$$

$$=\overline{AC}$$

だからね。

A君　うまくいってますね。

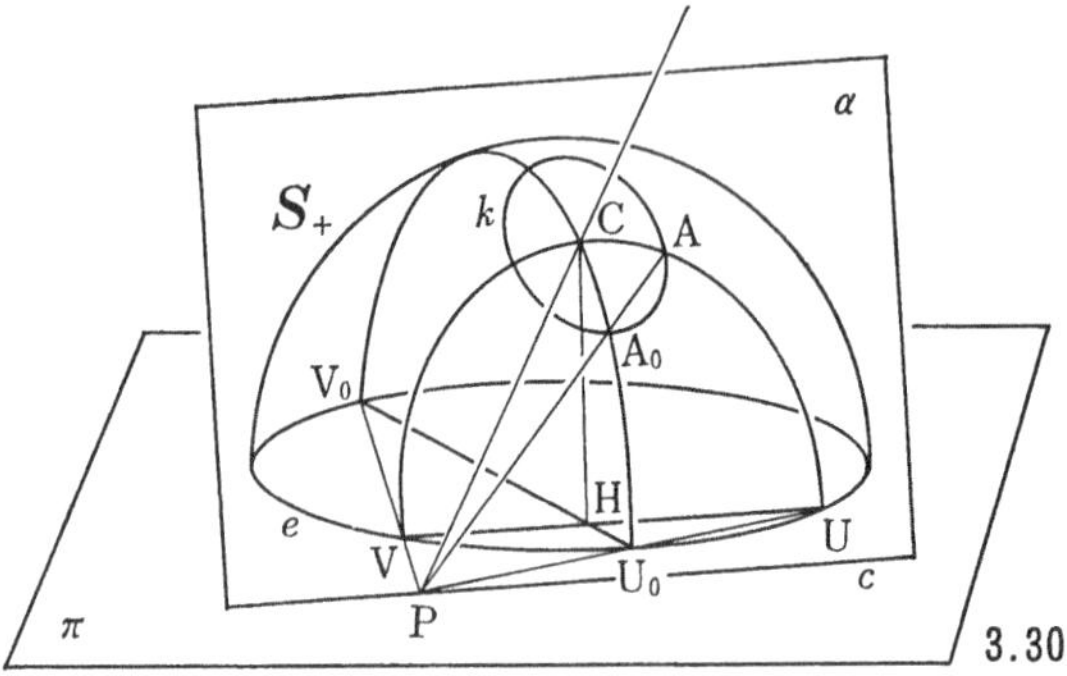

3.30

老生　角はどうなると思う？

A君　角は直線同士が交わった普通の角でよかったのですから、そのままです。

老生　そうだね。だから角のことは心配しなくてもいいわけだが、長さと同じように複比で表すこともできるのだよ。その方が実際問題としては便利だ——しかしこれは補講にまわそう。（補講4）

A君　むずかしいのですか。

老生　いや別にむずかしいことはないのだが、補講ではついでにほかのこともやって見せたいのでね。一緒にまとめてやった方がいい。

　それでせっかく長さが定義できたから、今度はS_+上の点Cを中心とし点A_0を通る円の形を調べてみよう。

円

老生　まずπ上にeとは交わったり、接したりしない直線cを引く。cを通る平面を考え、これを動かしていくと、

$\boldsymbol{S}_+$と接するときがあるから、そのとき接点をCとする。次に一般に直線 c を通って $\boldsymbol{S}_+$と交わる平面 α を引くと、交わり $\boldsymbol{k}$ はもちろん円である。この円 $\boldsymbol{k}$ がモデルの幾何でも円になることを証明しよう。(3.30図)

　それにはCを通って一つの直線 (V_0U_0) を引き、$\boldsymbol{k}$ との交点 A_0 を定めておく。次に c 上の動点Pから (V_0U_0) を $\boldsymbol{S}_+$上に射影してこれを直線 (VU) とすれば、この射影で A_0 の像は (VU) と $\boldsymbol{k}$ との交点になることはわかるね。

A君　この射影はPを中心とする鏡映でもありますからね。

老生　この点をAとする。ところが点Cは直線 c を通って $\boldsymbol{S}_+$と接する平面の接点だから、線分PCは $\boldsymbol{S}_+$に接するわけ。そうするといまの射影でCはC自身に射影される。すると U_0、V_0、A_0、CはU、V、A、Cに射影されることになるから、複比の不変性から

$$(CA_0, U_0V_0) = \frac{CU_0}{A_0U_0} \cdot \frac{A_0V_0}{CV_0} = \frac{CU}{AU} \cdot \frac{AV}{CV} = (CA, UV)$$

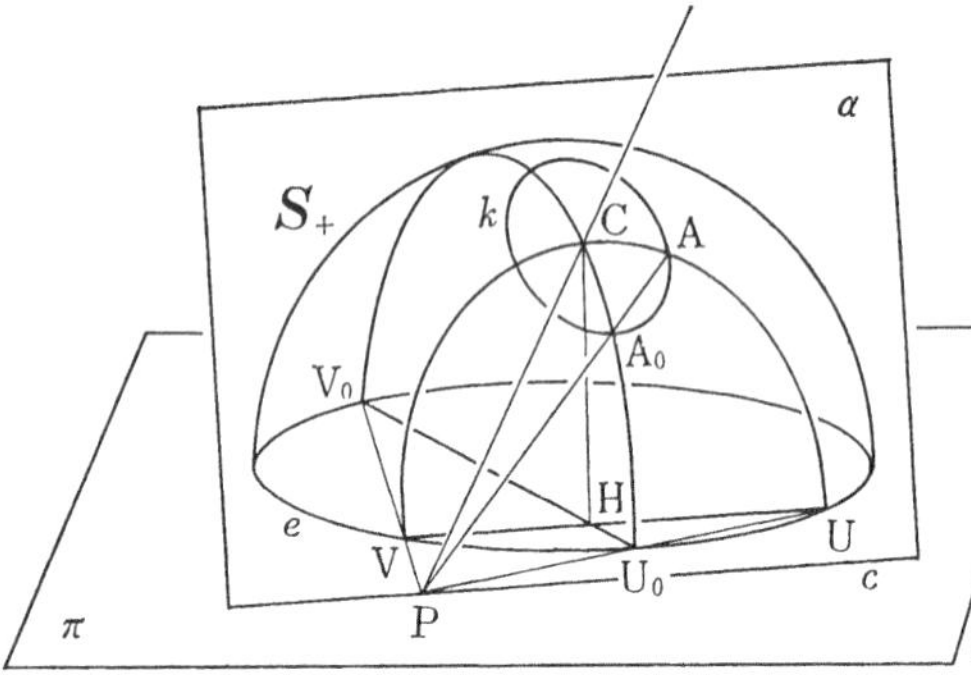

3.31

となって、長さの定義から$\overline{CA_0}=\overline{CA}$となる。だから$k$はCが中心で半径の長さが$\overline{CA_0}$の円になっているわけだ。

A君　ちょっとわかりにくかったようですが、結局π上で赤道eと交わらない直線をcとしますと、cを通る平面とS_+との交わりである小円が円で、この円の中心は直線cを通ってS_+に接する平面の接点Cだ、ということですね。

老生　直線cはπの無限遠直線でもいいことにすると、S_+上のどの小円もみなS_+上の円だし、それ以外の円はない、ということだ。

A君　cを通るいろいろな平面との切り口はつまりCを中心とする同心円ですね。（3.31図）

老生　そう。次に直線cを動かして赤道eにどんどん近づけていくと、同心円の中心Cはどんどんeに近づいていき、ついにcがeに接すると中心Cはe上の点、即ち無限遠点C_∞になってしまう（3.32図）。このとき同心円はe上の点C_∞で互いに接する円になってしまう。この円k'等は何だろう？

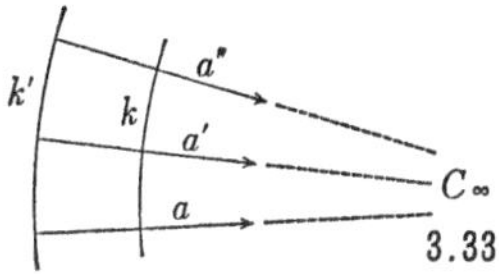

3.33

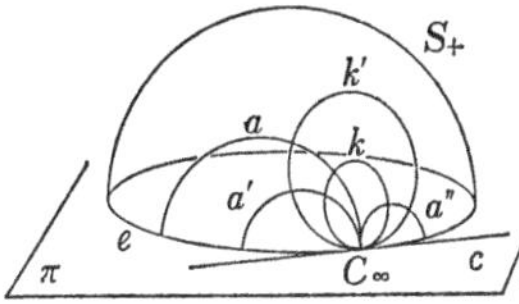

3.32

A君　k'は円でもないし、直線でもない、いったい何でしょう……。

老生　これこそ無限遠点を中心とする、無限大半径の円で、ガウスのいうトローペだよ（111ページ参照）。

そのわけは、いまe上の点C_∞のところでeと直交する円を考えてみよう。この円aはC_∞を無限遠点にもつ直線だが、k'とaとはC_∞のところで直交している円だから、aとk'とは北半球S_+の内部の交点でも直交しているわけだね。こういう直線a、a'、a''、……はだからk'と皆直交していることになる。しかもa、a'、a''、……はC_∞を端とする直線だから互いに平行、したがって

　k'とは、互いに平行な直線a、a'、a''、……全部に直交する曲線である（3.33図）

ともいえるし、逆に

k'に直交する直線は互いに平行である

ともいえる。k'はだからトローペだということがわかる。k'は円とも似た性質をもつし、直線とも似た性質をも

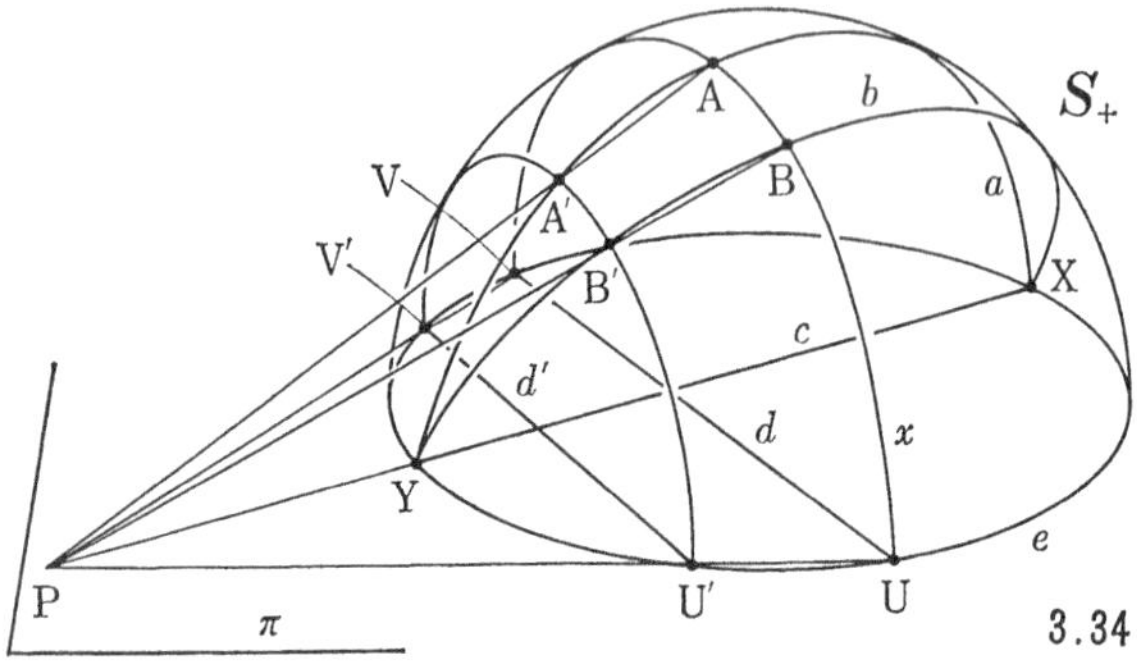

3.34

つ中間体だよ。

A君　ではeと二点で交わる直線cを通る平面での切り口の円は何になりますか。

老生　嬉しい質問だね。では簡単にするためcが赤道eと直径の両端X、Yで交わっているとしよう。cを通って赤道面πに垂直な平面と$\boldsymbol{S}_+$との交線aはもちろん$\boldsymbol{S}_+$上の直線(XY)になる。そこでいまcを通る他の平面と$\boldsymbol{S}_+$との交線をbとしておく。さていまcと直交する動直線dをとり、dを通って赤道面πと直交する平面と$\boldsymbol{S}_+$との交線をxとし、次にxとa、bとの交点をA、BとすればA、B、U、Vの複比は動直線dの位置によらないことが3.34図でわかるだろう。

A君　dの他にもう一つd'をとって図のように点の名前をつけますと、U、V、A、BをU′、V′、A′、B′と結んだ直線がc上の一点Pで交わります。

老生　するとA、B、U、Vの複比が一定になり結局A、B、U、Vの複比が一定ならば……。

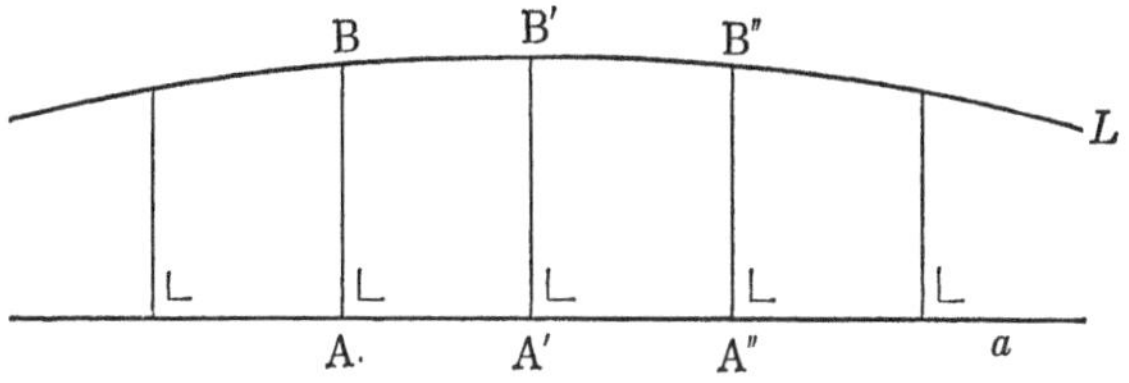

3.35

A君　ABの長さ$\overline{AB}$が一定になります。

老生　それで結局bという円は非ユークリッド的にいうと直線aからの距離が一定な、いわゆる等距離線Lになってしまう（3.35図）。今までに何遍も出てきた曲者の曲線だよ。

A君　これでS_+上のすべての円が出つくしたわけですね。分類しますと

eと直交する円（半円）——直線

eと二点で交わるが直交しない円（半円）——ある一つの直線からの等距離線

eに接する円——トローペ（無限遠中心の無限大半径の円）

eとまったく離れている円——円

となります。おもしろいですね。——しかし先生、肝心の図形の移動の定義がまだ済んでいません。

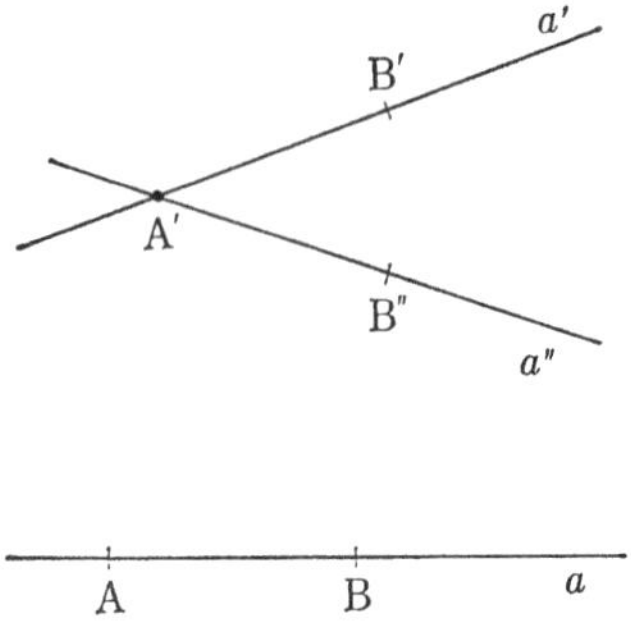

3.36

合同変換と非ユークリッド幾何

老生　まだだったかい。図形の移動は鏡映の合成で定義すればいいんだよ。――そうすると、ともかく半球面$\boldsymbol{S}_+$上に合同変換（移動といっても同じ）が定義されたとして、これで$\boldsymbol{S}_+$上に幾何ができたわけだが、これが果たして非ユークリッド幾何になっているかどうか、わかるかい？

A君　平面上の図（3.36図）と$\boldsymbol{S}_+$上の図（3.37図）とを並べて描いておきます。

(1)　Aを頂点とする半直線$\boldsymbol{a}$を、A′を頂点とする半直線$\boldsymbol{a}'$に移せること。

点AとA′を通る直線をA∪A′で表しますと……。

老生　∪は「結び」の記号だね。集合の「和」とは違うんだね。

A君　先生がこの前に話された「束」の記号を使います。これは大変便利ですから。――直線A∪A′と平面πとの交点Pを中心とする鏡映でAはA′に移りますが、U、Vは

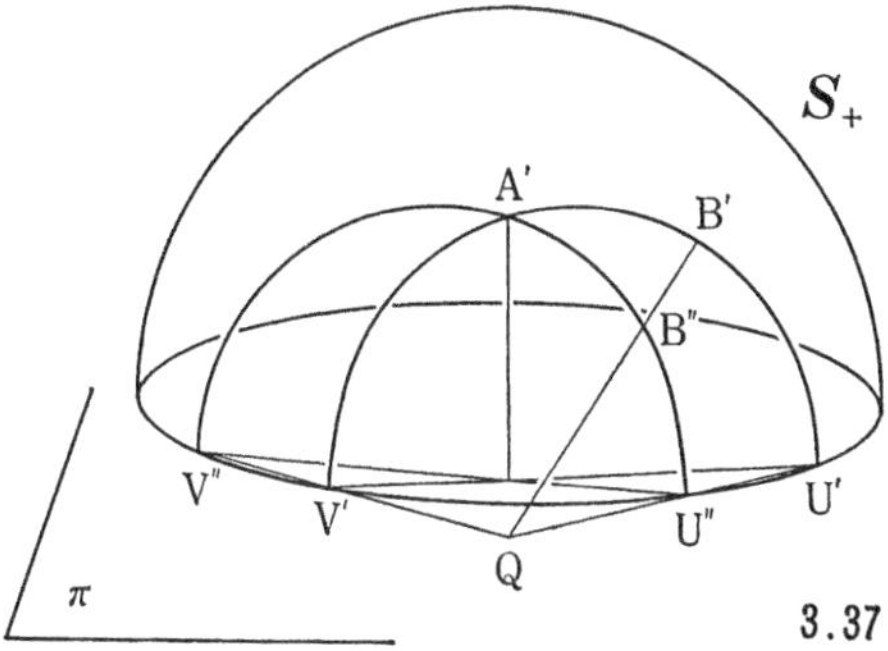

3.37

U″、V″へ移ったとします。そうしましたら、直線U′UU″とV′UV″との交点Qを中心とする鏡映で二直線（V′U′）と（V″U″）は入れ換わるだけですから、この交点A′は動きません。ですから今の二つの鏡映を合成した合同変換でAはA′に、半直線（AU）は（A′U′）に移ります。

(2)　このとき半直線（AU）上に一点Bをとりますと、鏡映では線分の長さは変わりませんから、点Bは$\overline{AB}=\overline{A'B'}$となる点B′に移ります。

(3)　半直線（AU）を（A′U′）に移した上、更に（A′U′）を軸として折り返すこともできます（3.38図）。それにはU′、V′でeに接する接線を引き、交点P′を中心として鏡映を行えばいいわけです。

(4)　半直線の移動ができれば、「二辺夾角が等しい二つの三角形は移動で重ね合わすことができる」など、合同三角形の定理も楽に証明ができます。（3.39図）

合同三角形の重ね合わせができましたから、あとは「平行線が二本引ける」ことをいえばよいわけです。これは無

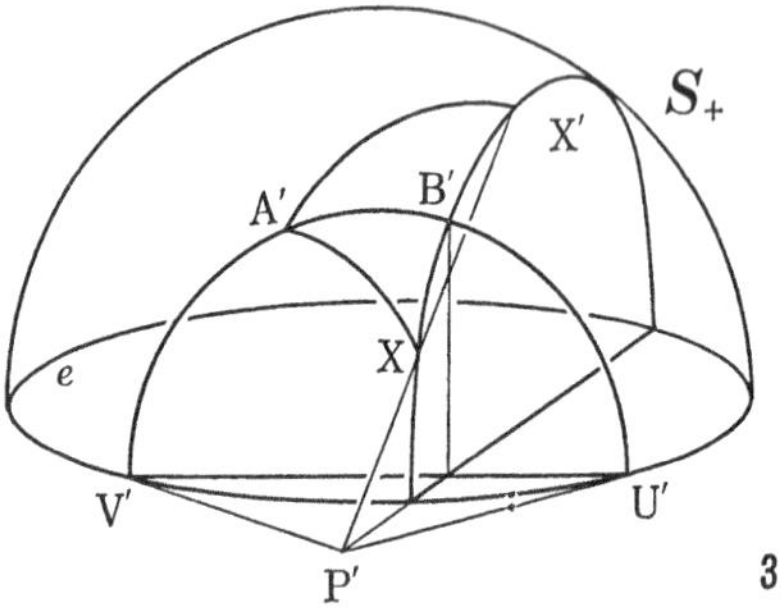

3.38

限遠点UまたはVを共通の無限遠点にもつ直線をa＝(VU)に平行だといえばよいのですから、3.40図から明らかです。

老生　S_+上で非ユークリッド幾何が成立していることがわかったね。

A君　クラインのモデルと違うのが気になります。

老生　S_+上の図形を全部π平面に正射影すれば、クラインのモデルになるよ。(3.41図)(補講3)

A君　あ、わかりました。じゃあなぜ先生は初めから円でやらなかったんですか。クラインの方がずっとわかりいいです。

老生　球面だと鏡映がとても簡単に定義できるだろう、平面だったらどうする?

A君　…………

老生　できることはできるんだよ。しかし射影幾何的になるので、ちょっとむずかしい言い方になるが、円を考える意味がなくなってしまう。例えばS_+上だと円は普通の幾何から見ても円だったろう。それが平面へ射影してクライン

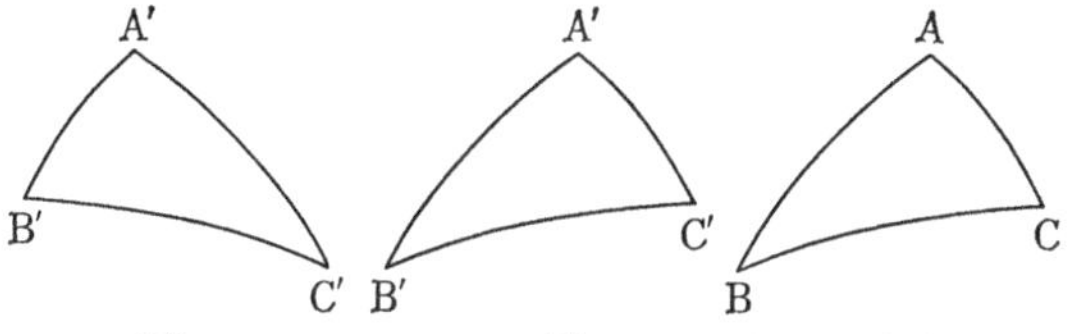

(ii)　(i)　3.39

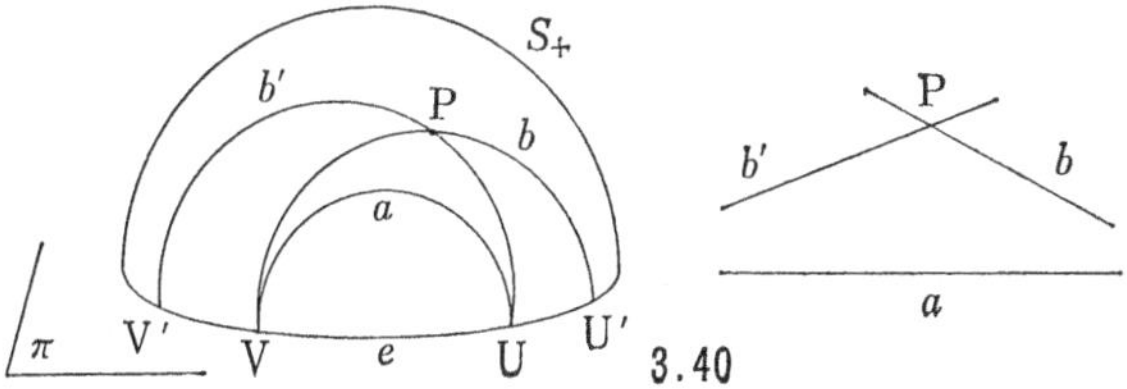

3.40

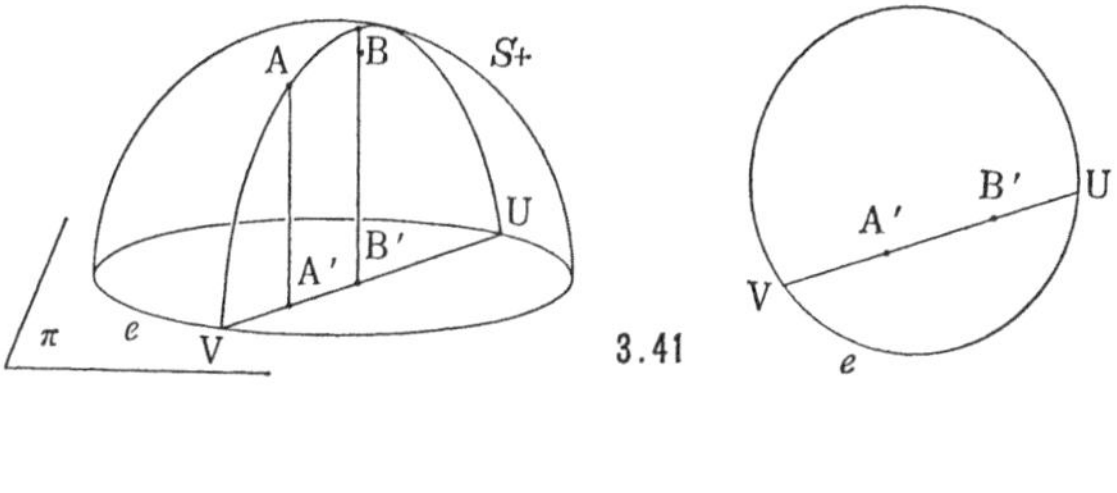

3.41

式にすると楕円になってしまう。それだったら初めから楕円の中へ非ユークリッド幾何を作った方がすっきりするわけだ。そうなるとユークリッド幾何的な議論をするより射影幾何的に議論を進める方がすっきりする。ところが射影幾何は普通の人は知らないだろう？

A君　名前を知っている位なものです。

老生　というわけで、立体を考えるのはたしかにうるさいが、球面上で非ユークリッド幾何を展開してみた、というわけさ。ついでに初等幾何の勉強にもなると思ったので。

A君　おかげさまで初等幾何の力だけでもかなり高級な幾何ができることがわかりました。立体幾何も学校ではほとんどやりませんが、役に立つのですね。

老生　立体幾何はむずかしがるが、平面幾何を十分やっておけば、立体はただ考え方に馴れさえすればいいんだよ。

老生　一つ大事なことを付け加えておこう。

ガウスにしてもロバチェフスキー、ボヤイにしても、惨《さん》憺《たん》たる苦悩を経てようやく非ユークリッド幾何にたどりついた。それは「直線外の点からこの直線に二本の平行線が引けると仮定したら、どうなるか」という方向で、そういう幾何を発見しようとしたからだ。ところが折角発見したはずの幾何は、果たして現実に存在するものか、という一大疑問にぶつかって、難航に難航を重ねた。ところがクラインとか我々が$\boldsymbol{S}^+$上に作ったようなモデルでは、「ほら、ここに平行線が二本あるような非ユークリッド幾何がちゃんと目の前にできているではないか」と、いとも簡単に非ユークリッド幾何の数学的「存在」を証明してしまった。おまけにこのモデルを使うと、今までに何度も出た有名な平行線角の式

$$* \quad \tan\frac{\theta(x)}{2}=e^{-\frac{x}{k}}$$

なども、ロバチェフスキーの天才はなくても、ただの計算だけで出せる（補講6）。いまとなっては三天才の苦労した道を追って非ユークリッド幾何に達することは不要に

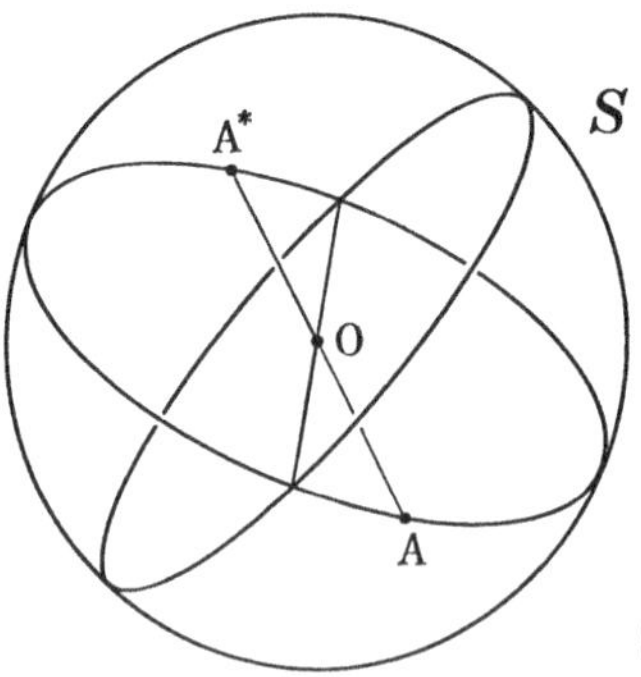

3.42

なってしまった。

A君　トローペだとか極限円だとかを使って＊式を導き出したのは無駄骨だったのですね。

老生　しかし、無駄骨を恐れていては新発見はできないからね。新発見をしようと思ったら、せいぜい無駄骨を折りたまえ。うまいやり方はあとから出てくるのだ。

なお、S^{+}上の幾何としてやることは、△ABCの内角の和$A+B+C$が$\pi=180°$より小さいとか、面積は$\pi-(A+B+C)$に比例するとか、半径rの円周は$\pi\ (e^{r/k}-e^{-r/k})$に等しいとか、さっきの＊の式を出すこととかいろいろあるが、これは補講でやることにしよう。（補講5、8）

A君　リーマン型の楕円幾何は先生が前に説明されましたが、余り簡単でしたから、もう少し話して下さい。

楕円幾何

老生　リーマン型の非ユークリッド幾何、クラインのいう楕円幾何は前にも話したけれど、球面全体が平面なんだ

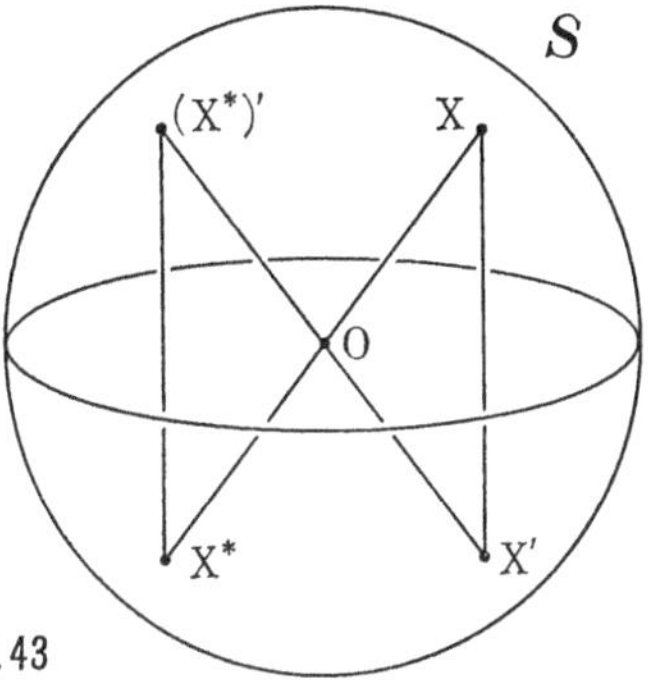

3.43

が、球の中心Oに対して対称的の二点（A、A*）――これを対心点という――を一点と考えるところが、普通と違う（3.42図）。それから大円全体が直線なんだが、その上にある一対の対心点A、A*が実は一点だから、直線全体の形は直線というより円形なんだね。そこが普通のユークリッド幾何やガウスの非ユークリッド幾何とも大いに違うところで、楕円幾何の平面も直線も無限には拡がっていないで、全部有限のところにある。またどの直線も一点（実は球面上の一組の対心点）で交わるから、平行線は全く存在しない。しかし鏡映に相当するものもあって、それは球面の中心を通る平面に対して面対称になっている二点（X、X*）と（X'、(X*)'）を鏡映の対応点と考えればいい（3.43図）。鏡映を何遍か施した変換を合同変換と定義すれば、これで楕円幾何が全部定義されたことになる。

A君　球面幾何と大体同じようなものと考えていいのですね。

老生　狭い場所ではまったく同じなんだよ。ただ広く全体

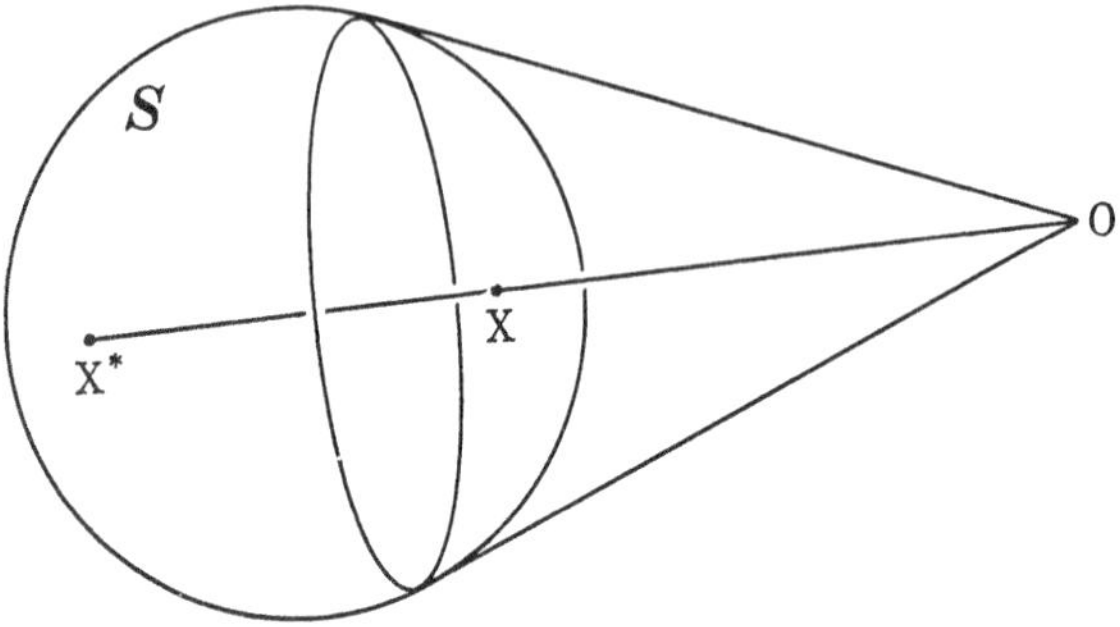

双曲線幾何の世界　3.44

的に見ると違うところがでてくる。

三種の幾何

老生　ではしめくくりとして、ユークリッド幾何と二つの非ユークリッド幾何の間の関係をモデルで調べてみよう。

ガウス等の非ユークリッド幾何は地球の北半球が平面で、赤道面に垂直な平面で北半球を切った切り口の半円が直線だったけれども、実は一般に球面$\boldsymbol{S}$の外部に定点Oを任意にとって、Oから引いた$\boldsymbol{S}$への割線が$\boldsymbol{S}$と交わる二点X、X^*のうち、Oに近い方のXだけを平面$\boldsymbol{S}_+$の点と考え、Oを通る平面と$\boldsymbol{S}_+$との交わりの円弧を直線と名づければ、前に北半球$\boldsymbol{S}_+$でやったと同じ非ユークリッド幾何ができるのだ。

A君　もう一つのX^*からできる平面$\boldsymbol{S}_-$を考えても同じことですね。

老生　そうだよ。だから（X、X^*）の一対を点と名づけて、$\boldsymbol{S}_+$全体を平面と考えてもいいわけだ。円錐を切ってで

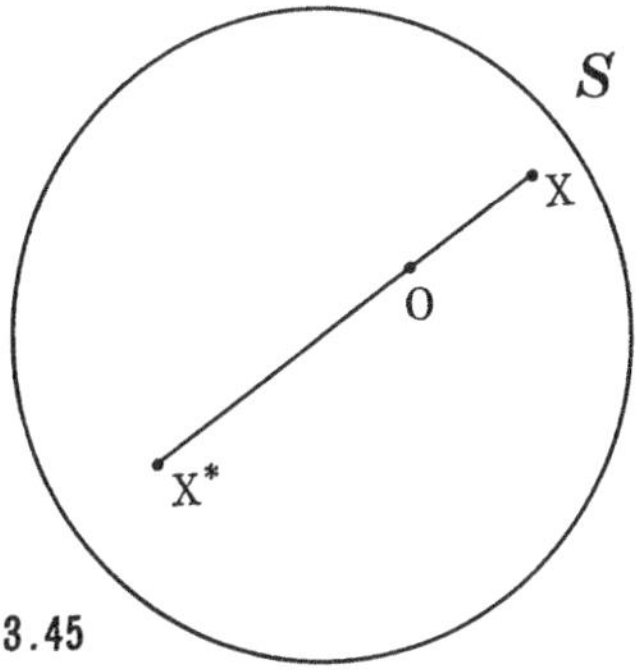

3.45

きる円錐曲線の中で双曲線は同じ形の曲線二個に分かれているが、この様子がそれに似ているから双曲線幾何とクラインは命名した……。（3.44図）

A君　というのは先生の冗談……。

老生　と思っていても構わないよ。どうせ名前だけの問題だからね。

　楕円幾何も、球の中心Oに対して対称的な対心点（X、X^*）を一点と思って作ったわけだが、これも球の中心とは限らず球の内部に任意の点Oを定めて、Oを通る任意の割線が球面$\boldsymbol{S}$と交わる二点（X、X^*）を一点である、と定義しても同じことになる（3.45図）。このときはOに近い方のXを集めて、というわけにいかないから、$\boldsymbol{S}$は$\boldsymbol{S}_+$、$\boldsymbol{S}_-$の二つに分けるわけにいかない。こうして定義した平面も直線も全部有限のところにある。こういうところが今度は楕円に似ているから、楕円幾何という。

A君　そうしますと放物線幾何はユークリッド幾何だということに……。

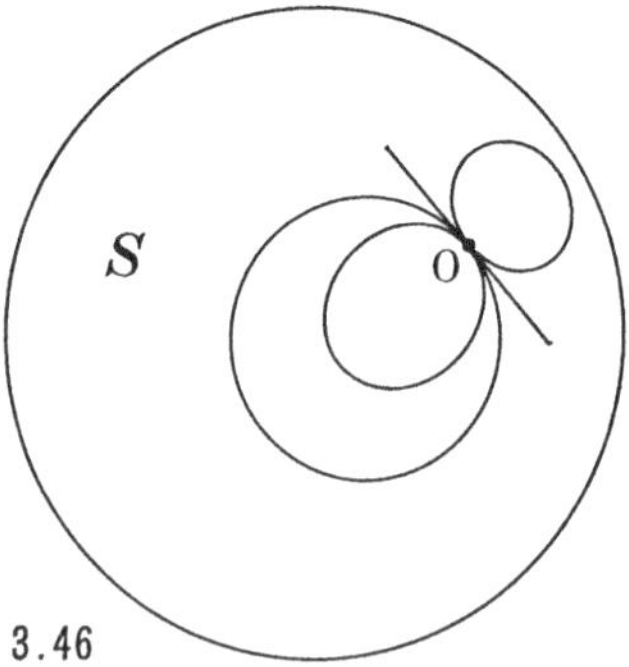

3.46

老生　なるかどうか、君考えてごらん。

A君　Oが***S***の外なら双曲線幾何、内なら楕円幾何ですから、今度はOを球面***S***上にとる他ありません。（3.46図）

老生　そうだよ。

A君　そうしますと、Oを通って引いた任意の直線が***S***と交わる点Xを点と考えるわけですから、O以外の***S***の点全体を平面と考える他ありません。――Oを通る平面で球面***S***を切った切り口が直線ですね。

老生　平行線は？

A君　Oのところで接する二円はO以外で共通点がないから、この二円即ち二直線が平行線です。直線上にない点を通ってこれと平行な直線がただ一つ存在することも明らかです。――ですからたしかにこれはユークリッド幾何のモデルといえそうです。

老生　あとは平行移動とか回転をこのモデル上で定義すればいい。――楕円は一つづきで閉じた図形であり、放物線は一つづきだが開いた図形だ。球面は一つづきで閉じた図形であり、球面から一点Oを除いた図形は一つづきだが開いた図形だ。そうすると、球面全体から作った幾何が楕円幾何なら、球面から一点を除いた図形から作られた幾何、即ちユークリッド幾何が放物線幾何と呼ばれても、差し支えないじゃないか。

A君　わかりやすい名のつけ方だと思います。

老生　これで非ユークリッド幾何の一応の話を終えたことにして、あとは補講に入ろう。――どうもご苦労さまだった。

A君　おかげさまでずいぶん勉強になりました。ありがとうございました。

付録

補講

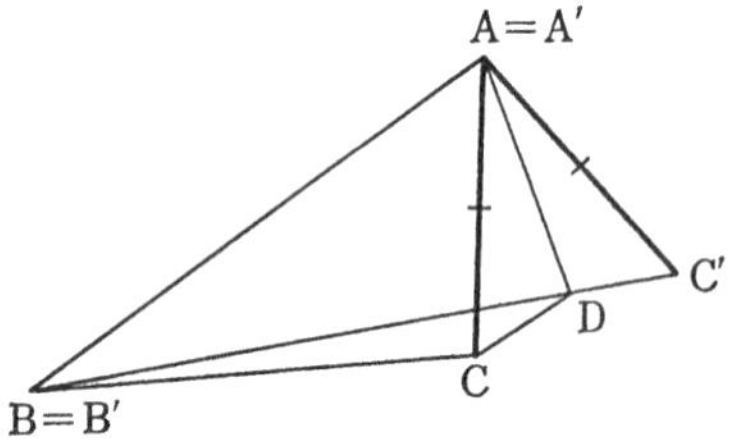

補1

補講1　サッケーリ・ルジャンドルの二定理

（66〜67ページ）

第一定理　どの三角形△ABCも内角の和はπを超えない：　$A+B+C \leqq \pi$　（A等は∠A等の大きさを表す）

これを証明する前にまず次の補題を証明する。

補題　△ABC, △A′B′C′でAB＝A′B′, AC＝A′C′, ∠BAC＜∠B′A′C′ならばBC＜B′C′である。

（証明）　A′B′がABと重なっている図（補1図）で証明する。

∠CAC′の二等分線と辺BC′との交点をDとすれば

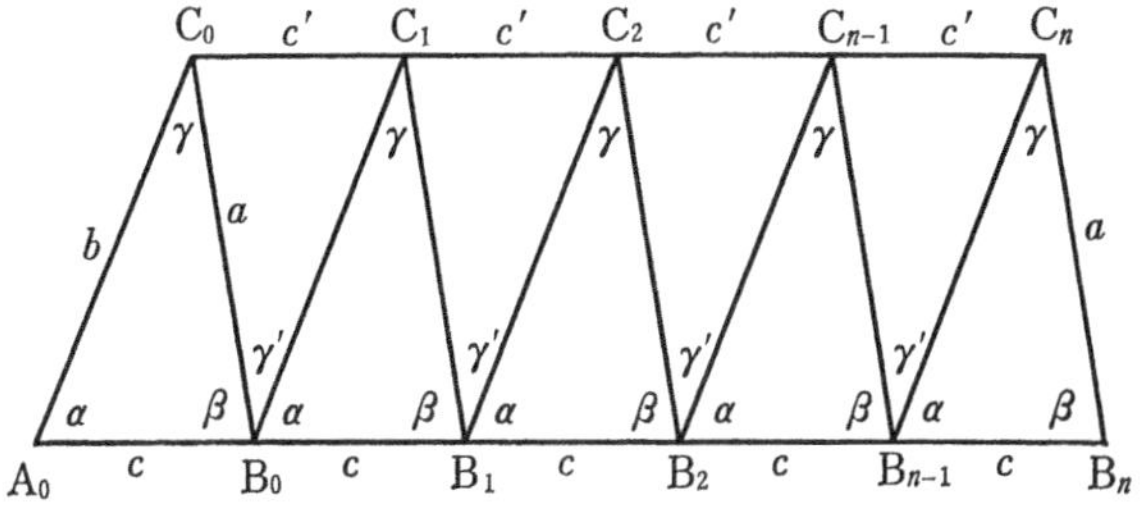

補2

$AC = AC''$だから$DC' = DC$

$\therefore \quad BC' = BD + DC' = BD + DC > BC$　　（証終）

（定理の証明）　$\triangle A_0B_0C_0$を与えられた任意の三角形とする。角を図（補2図）のようにα、β、γとし、

(1)　$\alpha + \beta + \gamma > \pi$ と仮定して矛盾を出す

図で辺A_0B_0の延長上に合同三角形をつくる：

$\triangle C_0A_0B_0 \equiv \triangle C_1B_0B_1 \equiv \triangle C_2B_1B_2 \equiv \cdots\cdots \equiv \triangle C_nB_{n-1}B_n$

すると図で

$\triangle B_0C_1C_0 \equiv \triangle B_1C_2C_1 \equiv \cdots\cdots \equiv \triangle B_{n-1}C_nC_{n-1}$

そこで

$\angle C_1B_0C_0 = \gamma'$とおけば$\alpha + \beta + \gamma' = \pi < \alpha + \beta + \gamma$(仮定)

$\therefore \quad \gamma' < \gamma$　　すると

$\triangle C_0A_0B_0$と$\triangle B_0C_1C_0$で$C_0A_0 = B_0C_1 = b$, $C_0B_0 = B_0C_0 = a$, $\gamma > \gamma'$だから、補題によって$A_0B_0 = c > C_1C_0 = c'$

$\therefore \quad c > c' \qquad \therefore \quad c - c' > 0$

さて図から

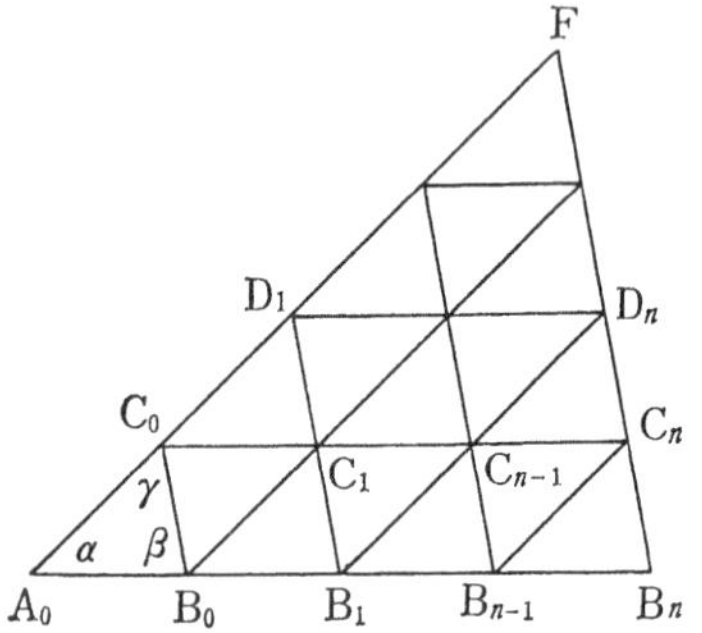

補3

$A_0B_n < A_0C_0 + C_0C_n + C_nB_n$

∴　$(n+1)c < b + nc' + a$

∴　$(n+1)(c-c') < b - c' + a$

nを大きくとれば左辺はいくらでも大きくなって矛盾する。だから$\alpha+\beta+\gamma>\pi$ではない。　（証終）

おかしいのは、ガウスはルジャンドルの本を、平行線の公理の誤証明以外は馬鹿にして読まなかったのか、読んでいて忘れたのか、これとそっくりの第一定理の証明をノートに残していて「一八二八年十一月十八日発見」などと、例によって日付まで入れてある。私は歴史のせんさくは好きではないが、こういうのを見ると楽しくなってくる。

第二定理　一つの三角形$\triangle A_0B_0C_0$で内角の和$A_0+B_0+C_0$がπならば、すべての三角形$\triangle ABC$において内角の和$A+B+C$はπに等しい。したがって一つの三角形で内角の和がπより小ならば、すべての三角形におい

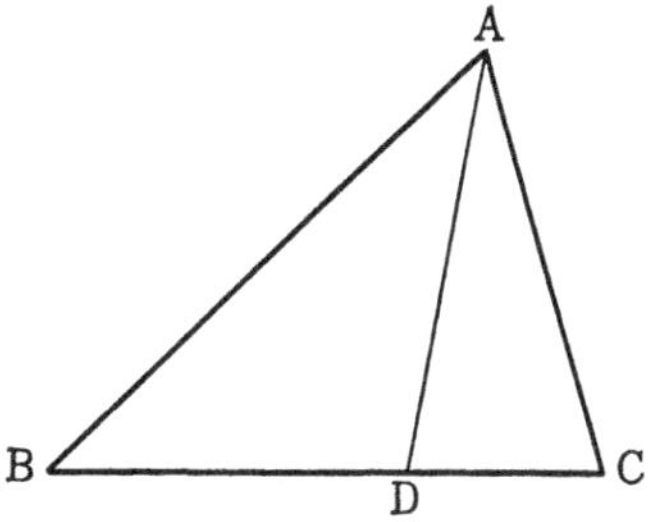

補4

て、内角の和がπより小さい。

（証明）第一段　$\triangle A_0B_0C_0$で$A_0+B_0+C_0=\pi$とする（補3図）。前と同じように$\triangle A_0B_0C_0$と合同な三角形を辺A_0B_0の延長上につくり、$A_0=\alpha$, $B_0=\beta$, $C_0=\gamma$と書き直すと、図からわかるように$C_0C_1C_2$……C_nは一直線上の点になる。$C_0 \cup C_1$上にも$\triangle A_0B_0C_0$と合同な三角形をつくり、同様につづけると、大きな三角形$\triangle A_0B_nF$ができ、その内角の和$A_0+B_n+F=\alpha+\beta+\gamma$は$\pi$に等しくなる。

第二段　さて一般に

補題　△ABCの内角の和がπに等しいならば、辺BC上に一点Dを任意にとると△ABD, △ADCの内角の和はいずれもπに等しい。この逆も明らかに成り立つ。（補4図）

（証明）△ABD, △ADCの内角の和は、第一定理によってそれぞれ$\pi-\varepsilon$, $\pi-\varepsilon'$（$\varepsilon \geqq 0$, $\varepsilon' \geqq 0$）である。この両三

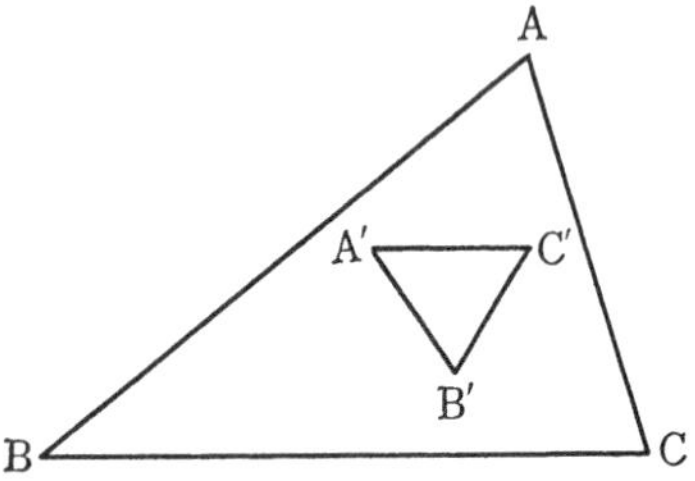

$A+B+C=180^\circ$ならば
$A'+B'+C'=180^\circ$　**補5**

角形の内角の和は、元の三角形の内角の和と、Dのところにできた二角の和πを加えたものだから2πである。

∴　$(\pi-\varepsilon)+(\pi-\varepsilon')=2\pi$　∴　$\varepsilon=\varepsilon'=0$

逆は明らか。

(補題証終)

第三段　この補題を繰り返し使うと、

補題　「△ABCの内角の和がπならば、この三角形の中に入る三角形はすべて内角の和がπに等しくなる」(証略)

第四段　前に作図した△A_0B_nFは内角の和がπでいくらでも大きくできるから、与えられた任意の三角形△ABCと合同な三角形が入るようにできる。従って△ABCの内角の和はπに等しい。(補5図)

(第二定理の証終)

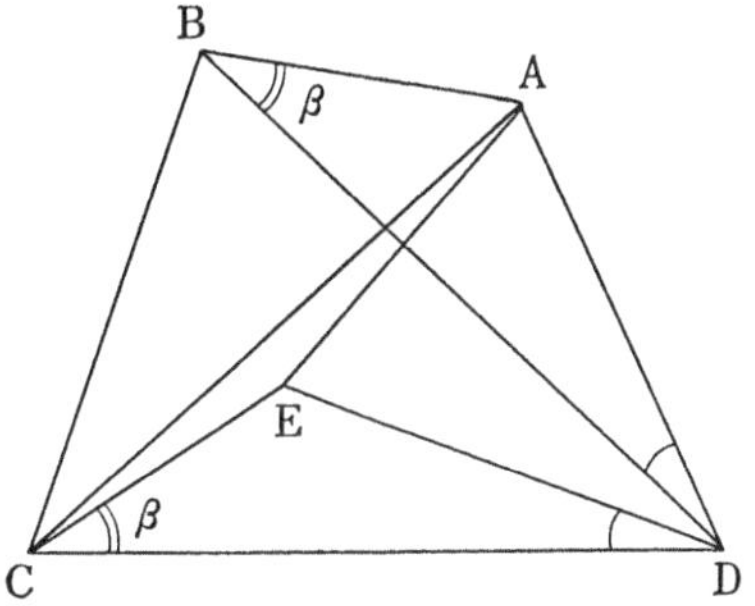

補6

補講2　トレミーの定理の逆　（168〜172ページ）

トレミーの逆を証明するのに、次のようなトレミーの定理の裏、即ち逆の対偶を証明しよう。

トレミーの定理の裏　一直線上にない四点A、B、C、Dがこの順で一つの円周上に並んでいないならば

AB・CD＋AD・BC＞AC・BDである。

証明はA、B、C、Dをこの順に結んだ四辺形が(i)凸であるとき、(ii)凹んでいるとき、(iii)交わっているとき、(iv)同じ平面上にない空間内の四点のとき、の四つの場合に分けて証明するところが面倒なだけで、別にむずかしいことはない。

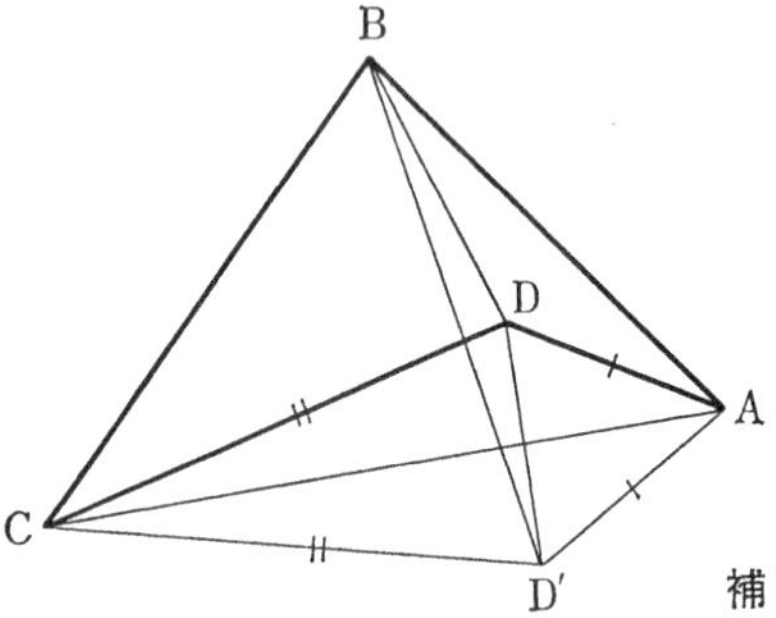

補7

(i) ABCDが凸のとき。（補6図）トレミーの証明のとき（168ページ）と同じように△ABDと相似な△ECDを図のように作る。すると前と同じ比例関係で△AEDと△BCDも相似になって、この二つの相似関係から

$AB \cdot CD = BD \cdot EC,\ AD \cdot BC = AE \cdot BD$

が出て、これを加えると

$AB \cdot CD + AD \cdot BC = BD(EC + AE)$

になるところまではまったく前と同じ。しかしA、B、C、Dは同じ円周上にないから$\beta = \angle ECD = \angle ABD \neq \angle ACD$で、Eは線分AC上にないから$EC + AE > AC$だから

$AB \cdot CD + AD \cdot BC = BD(EC + AE) > BD \cdot AC$

になってしまう。

(ii) ABCDが図（補7図）のようにDのところで凹んでいたら、点D′をACに対してDの対称点とすればABCD′は凸になり、(i)から

$AB \cdot CD' + AD' \cdot BC \geqq AC \cdot BD'$

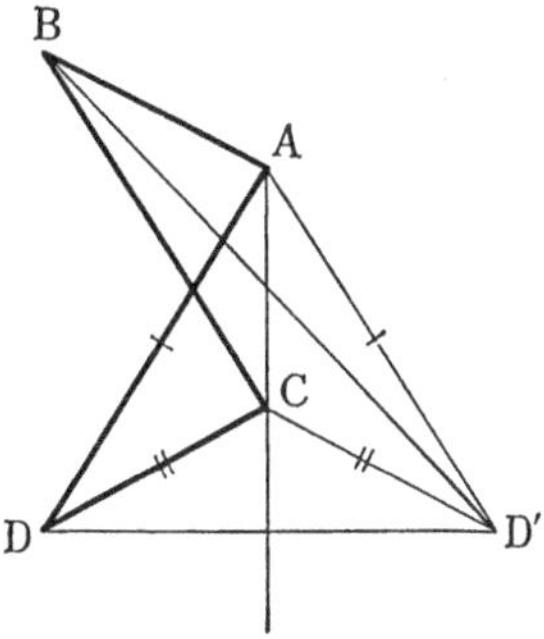

補8

（＝がつくのはABCD′は同一円周上にあるかも知れないから。）ところがBはDD′の垂直二等分線A∪CのD寄りにあるので$BD'>BD$になることはすぐわかるから

$$AB\cdot CD+AD\cdot BC\geqq AC\cdot BD'>AC\cdot BD$$

となる。

(iii) ABCDAの順に結んだ四辺形が補8図のように交わっていたら、(ii)と同じようにDのACに対する対称点D′をとると、(ii)と同じ計算で

$$AB\cdot CD+AD\cdot BC=AB\cdot CD'+AD'\cdot BC\geqq AC\cdot BD'$$
$$>AC\cdot BD$$

になる。

(iv) 今度はABCDが空間のねじれ四辺形のとき（補9図）。一点OからAC, BDに平行にOX, OYを引き、OX, OYを通る平面πを求めると、AC, BDはπに平行だから、A、B、C、Dをπに正射影すると、ねじれ四辺形ABCDと四辺形A′B′C′D′で

$$AC=A'C',\ BD=B'D'$$

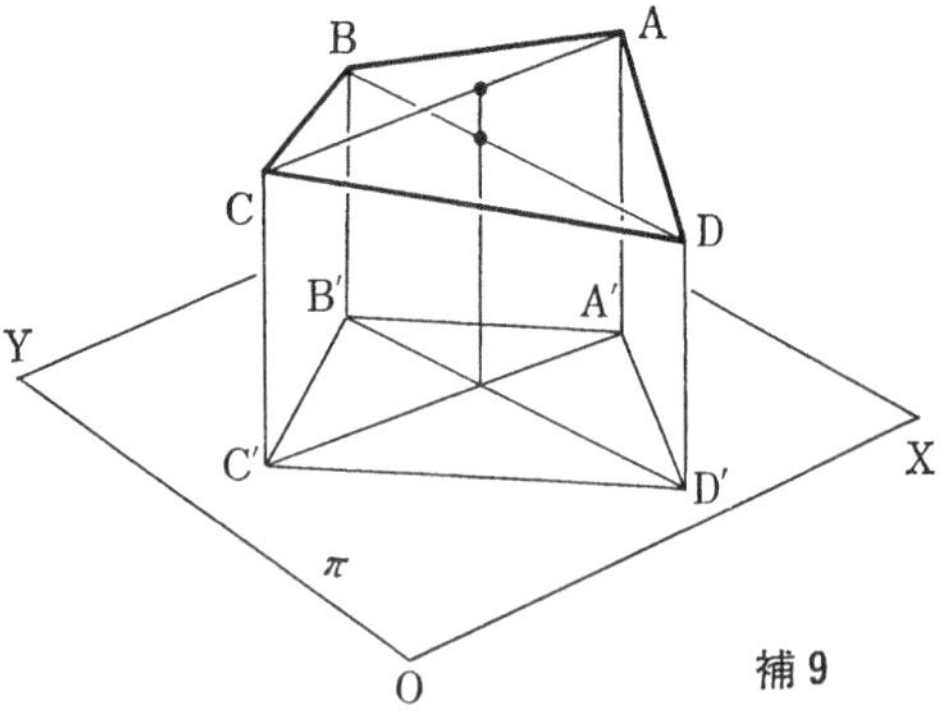

補9

だが、あとの辺は、射影したものは皆短くなるから、
AB・CD＋AD・BC＞A′B′・C′D′＋A′D′・B′C′≧
A′C′・B′D′＝AC・BD（四辺形A′B′C′D′には(i)(ii)(iii)の結果を使う）

（証終）

補講3　円の内部に非ユークリッド幾何のモデルを作る

（196ページ）

これにはS_+上の図形を、鏡映による像もろとも、赤道平面πへ正射影すればよい（補10図）。だからS_+の直線（VU）が鏡映で（V′U′）へ移ったとすれば、e内ではV、Uが両端の弦VUが弦V′U′に移ることになる。弦VUをS_+のときと同じ記号（VU）で表し、これを直線と呼ぶことにすれば、e内では図のように（VU）が直線であり（VU）が鏡映で（V′U′）に移る。従って直線（VU）上の点Y

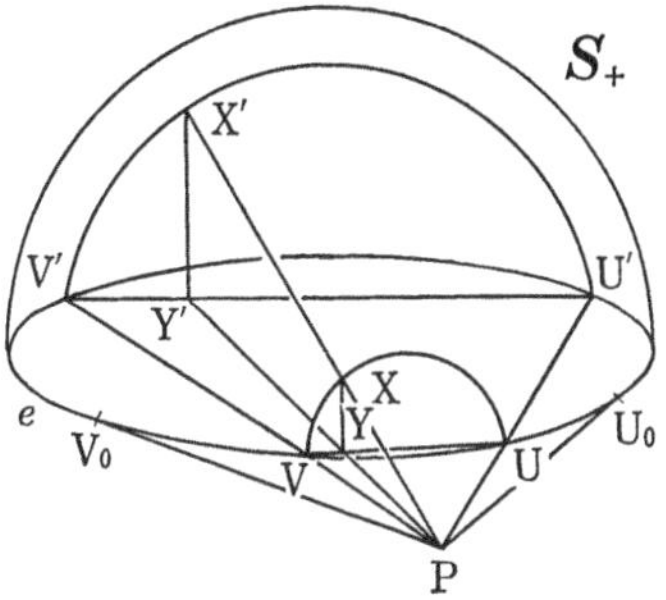

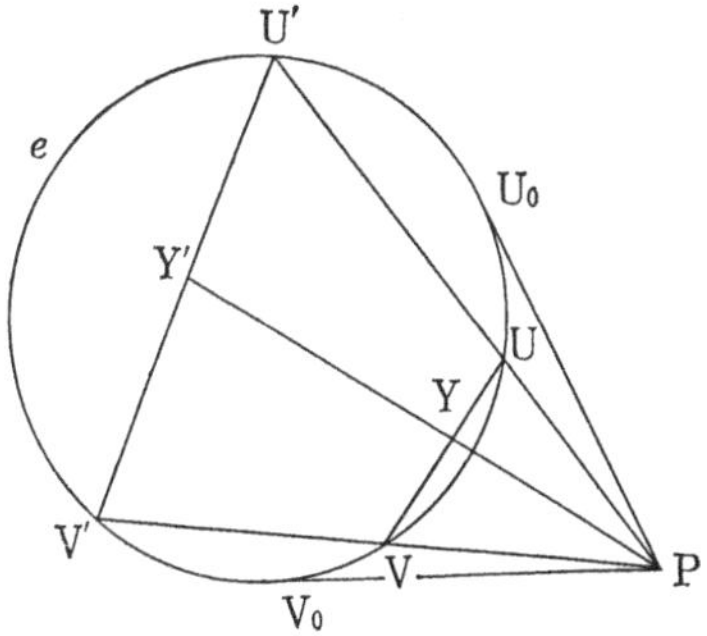

補10

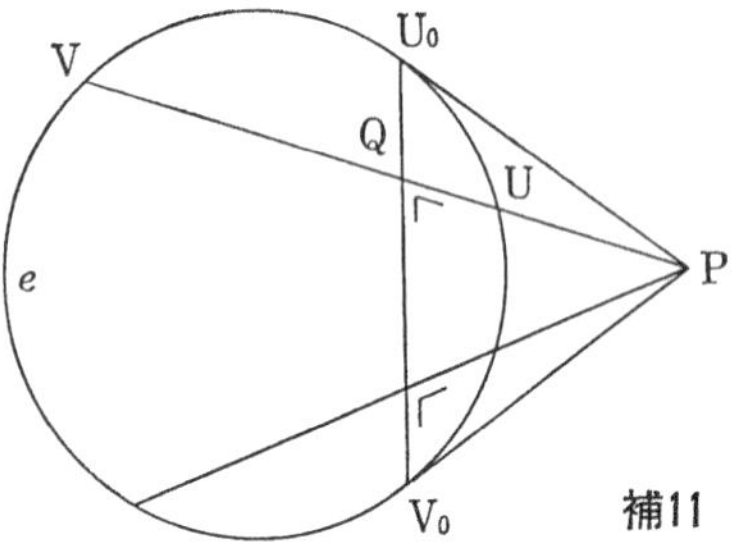

補11

はこの鏡映で図のようにPUYと（V′U′）の交点Y′へ移るわけである。逆に考えると、初めYをe内に勝手にとったとき、P中心の鏡映によるYの像Y′を求めるには、Yを通って任意の直線、即ち弦VUを引き、PUUとeとの交点U′、PUVとeとの交点V′を求め、U′UV′とPUYとの交点をY′とすれば、このY′がYの像である。弦VUの延長がPを通らないようにさえ注意すれば、VUは任意であってよい。

補11図でPからeに引いた接線の接点をU_0、V_0とし、Pからeに割線PUVを引くと、P中心の鏡映で直線（V_0U_0）上の点は不動であり、UとVとは入れ換わる。そこで（V_0U_0）と（VU）の交点をQとすれば、この鏡映で半直線（QU）と（QV）は入れ換わるが、（V_0U_0）は全然動かないから、つまり直線（UV）は（V_0U_0）に垂直なわけである。逆にいうと、直線（V_0U_0）と直交する直線を円外に延長すると、定点Pを通ることになる。

円e内でも二点A、Bの距離$\overline{AB}$は$k'\log(AB, UV)$（k'は

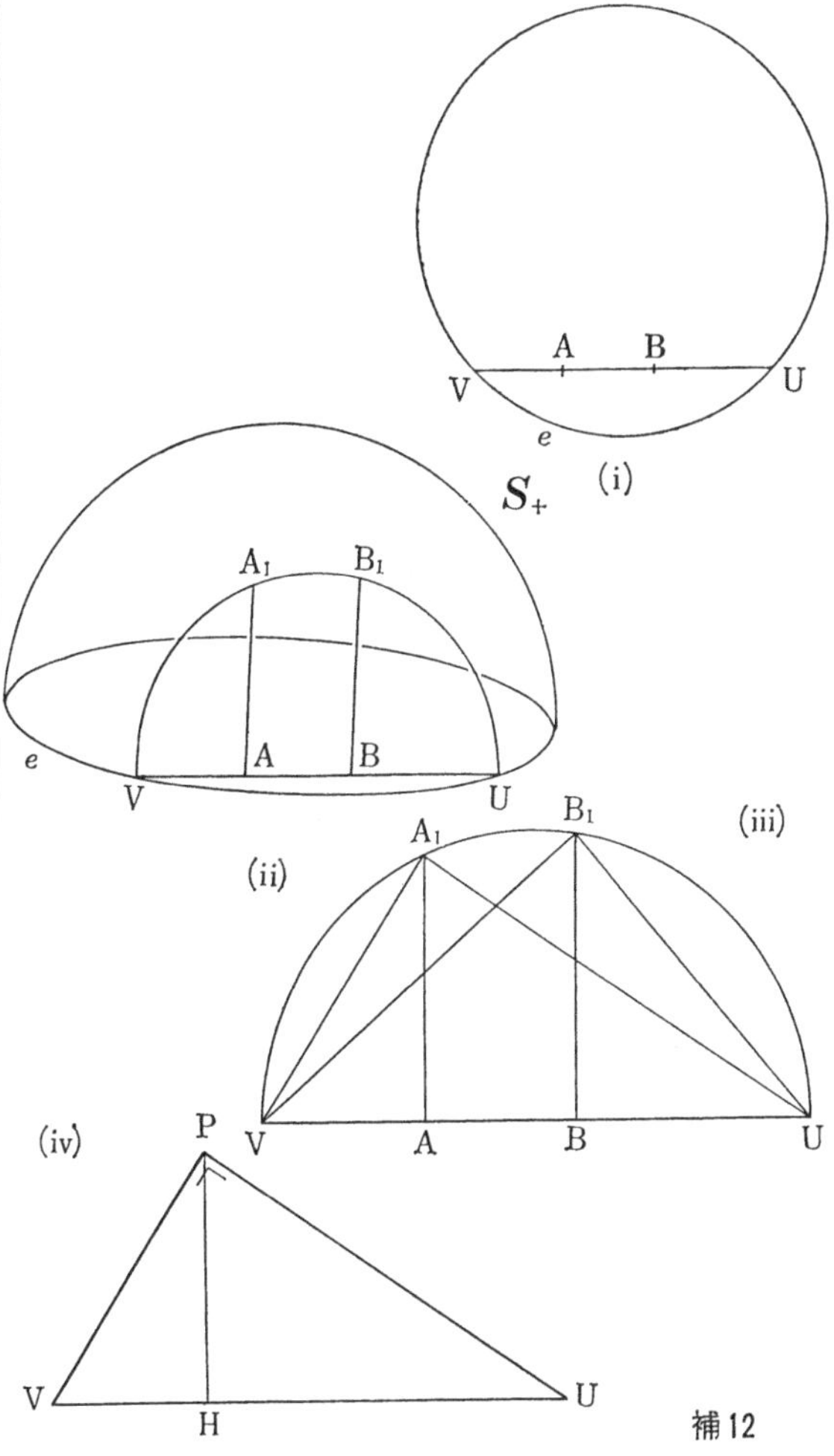

補12

任意の定数）の形で与えられる（補12図）。これを$\boldsymbol{S}_+$を使って証明しておこう。

(i)の二点A、Bが$\boldsymbol{S}_+$上のA_1、B_1の正射影になっているとし、図(ii)の一部を取り出した(iii)を考える。一般に(iv)の直角三角形△PVUでPH⊥VUとすれば$PU^2 = HU \cdot VU$であることを利用すると

(1)
$$(A_1B_1,\ UV)^2 = \left(\frac{A_1U}{B_1U}\cdot\frac{B_1V}{A_1V}\right)^2 = \frac{(A_1U)^2}{(B_1U)^2}\cdot\frac{(B_1V)^2}{(A_1V)^2}$$
$$= \frac{AU\cdot VU}{BU\cdot VU}\cdot\frac{BV\cdot UV}{AV\cdot UV} = \frac{AU}{BU}\cdot\frac{BV}{AV} = (AB,\ UV)$$

ゆえに

(2)
$$\overline{A_1B_1} = k\log(A_1B_1,\ UV) = \frac{1}{2}k\log(A_1B_1,\ UV)^2$$
$$= \frac{1}{2}k\log(AB, UV)$$

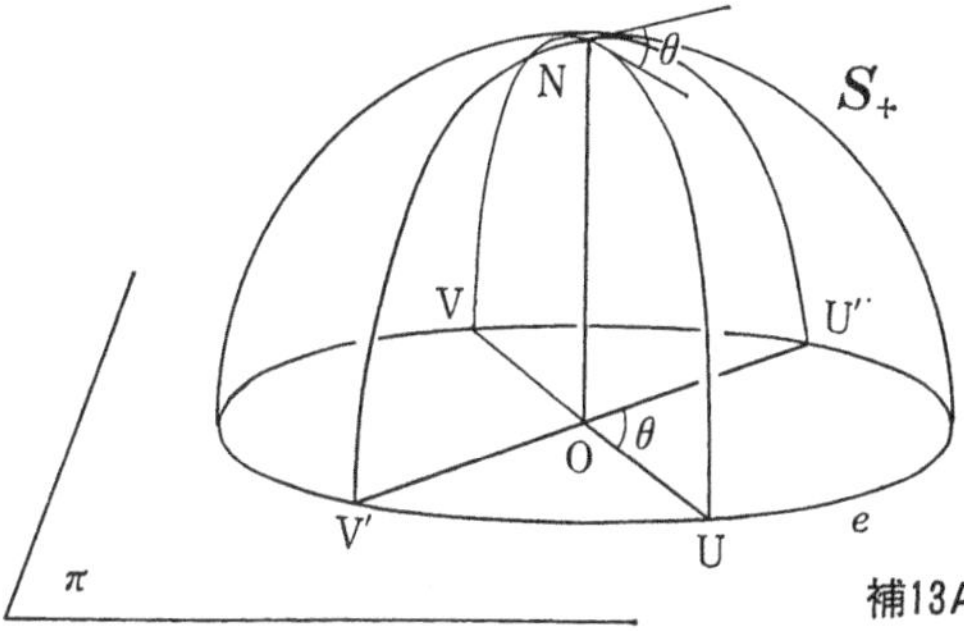

補13A

だから e 内の二点A、Bについて $\overline{AB}$ を

$\overline{AB}=k'\log(AB, UV)$

とおいて $\overline{A'B'}$ を定義することができる（ただし(2)のままだと $\overline{AB}$ には正負の値がついていることに注意）。

補講4　角と複比 （188ページ）

角の大きさも複比で表しておくと、我々のモデルで非ユークリッド幾何の計算がピシピシ具体的にできる。計算の細かいところは省略しておくけれども、簡単におぎなえると思う。

角の頂点はどこにあってもいいわけだが、これをまず鏡映で北極Nに移しておく（補13A図）。するとNのところで角の辺（NU），（NU′）に接線を引けば平面 π と平行になるから、角の大きさ θ は補13B図で線分VU, V′U′がOのと

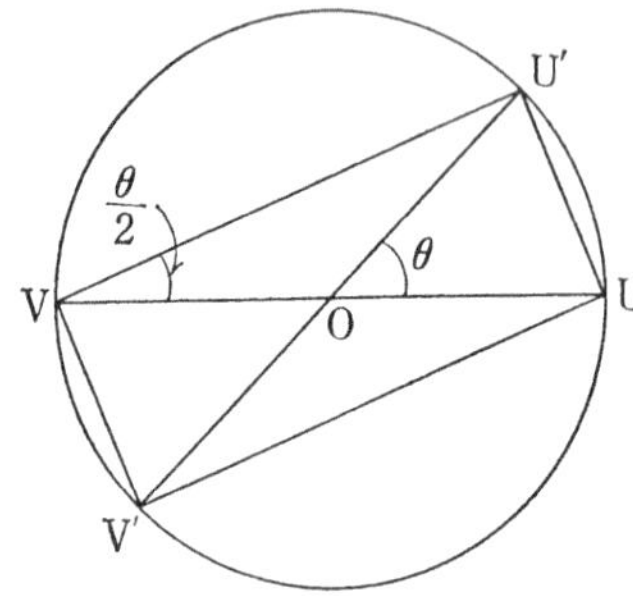

補13B

ころで作る普通の角θに等しくなる。すると図からわかるように

$$\frac{\mathrm{U'U}}{\mathrm{U'V}}=\frac{\mathrm{V'V}}{\mathrm{V'U}}=\tan\frac{\theta}{2}$$

$$\therefore\quad \tan^2\frac{\theta}{2}=\frac{\mathrm{U'U}}{\mathrm{V'U}}\cdot\frac{\mathrm{V'V}}{\mathrm{U'V}}=(\mathrm{U'V},\ \mathrm{UV})$$

$$*\quad \tan\frac{\theta}{2}=\sqrt{\frac{\mathrm{U'U}}{\mathrm{V'U}}\cdot\frac{\mathrm{V'V}}{\mathrm{U'V}}}=\sqrt{(\mathrm{U'V'},\ \mathrm{UV})}$$

鏡映でこの角を他に移しても右辺の複比の値は変わらないから、角の頂点はどこにあっても、角の二辺の各両端U′、V′、U、Vの複比で*のように角の大きさが計算できるわけである。

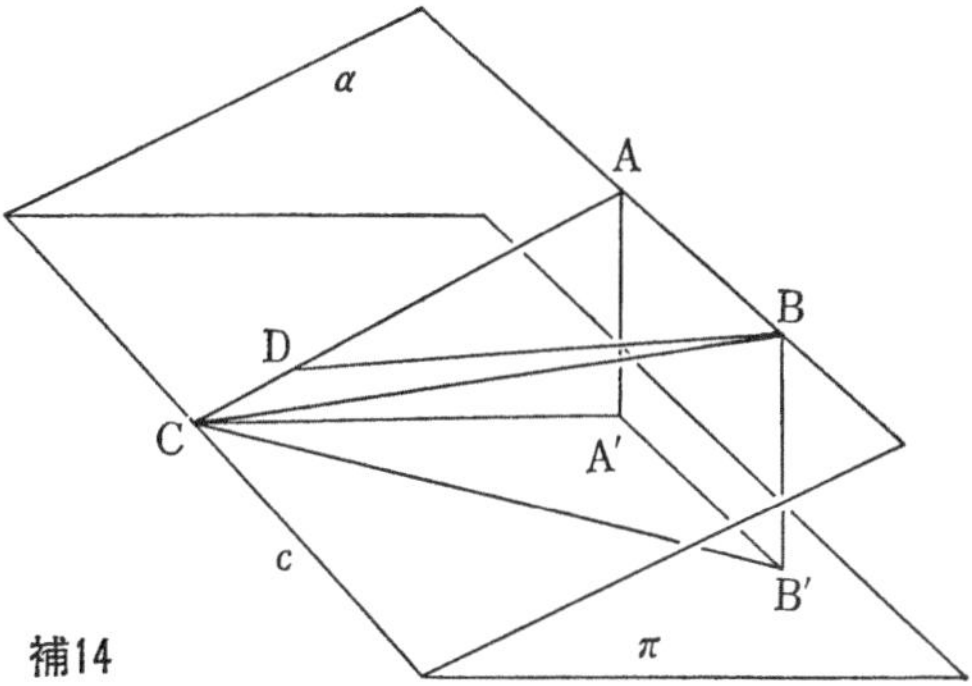

補14

補講5　三角形の内角の和、多角形の面積（200ページ）

三角形の内角の和がπより小さいことを証明し、次に三角形△ABCの面積は角の大きさA、B、Cをラジアンで表すと$\pi-(A+B+C)$で表せることを証明する。まず補題から始めよう。

補題1　二平面αとπとの交線c上の一点をCとする（補14図）。ACはcに垂直で、α平面上の角∠ACB、または∠ACBのπ平面上への射影∠A′CB′が鋭角ならば、∠A′CB′＞∠ACBである。

（証明）　AB//cとしてよい。するとAC⊥cだからAB⊥ACでありA′B′⊥A′Cでもある。その上AB＝A′B′かつAC＞

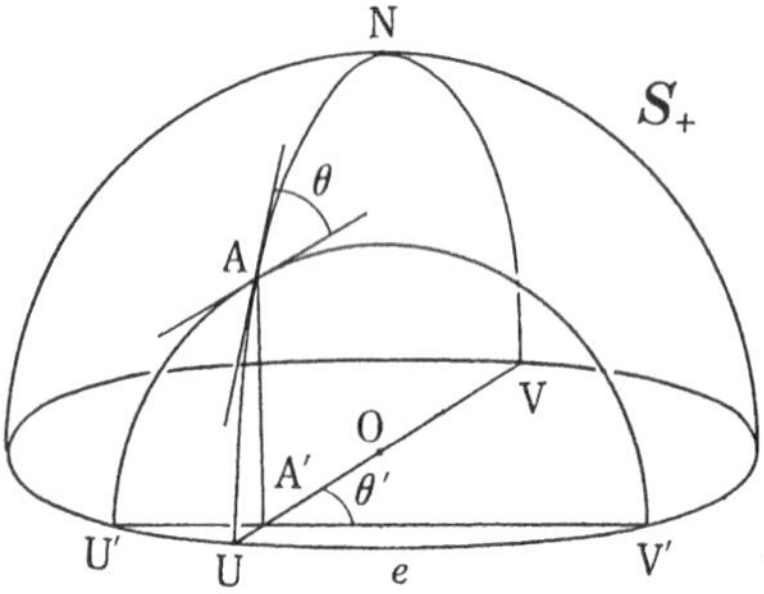

補15

A′C。すると、AC上にDをとって$AD=A'C$であるようにすれば、$\triangle A'B'C \equiv \triangle ABD$

$\therefore$　$\angle A'CB'=\angle ADB>\angle ACB$　（証終）

これを用いると

補題2　補15図の（VU）は北極Nを通る直線で、Aは半直線（NU）上の点とする。半直線（AV′）、（AV）のなす角θ、またはθの正射影$\angle VA'V'=\theta'$が鋭角ならば$\theta<\theta'$である。

（証明）　Aにおいて弧（AN）、（AV′）に引いた接線に補題1を適用すればよい。

そこで次の

定理　三角形の内角の和はπより小さい。（補16図）

（証明）　(i) $\triangle ABC$の一角、例えば$\angle A$が直角または鈍角

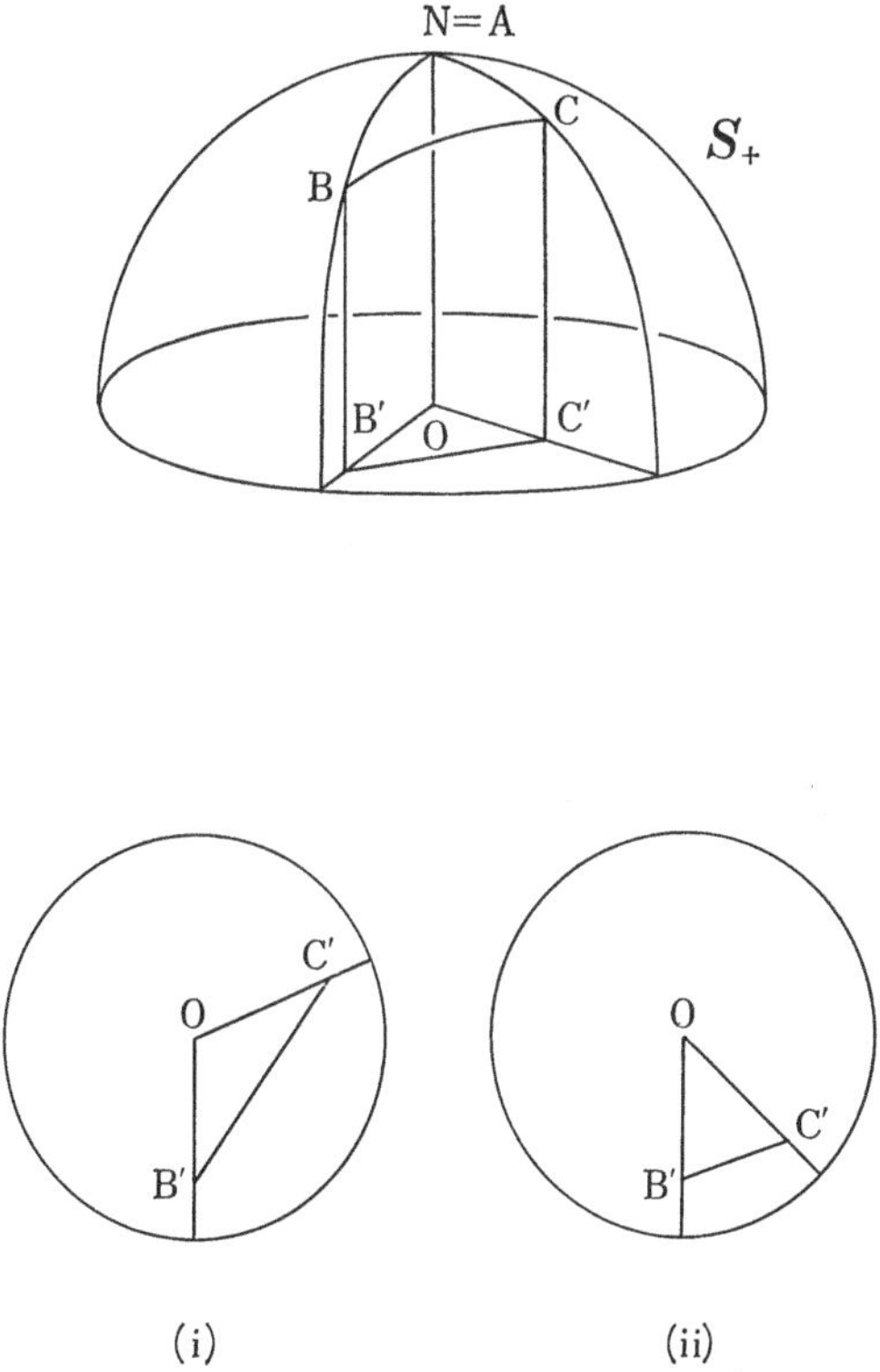

補16

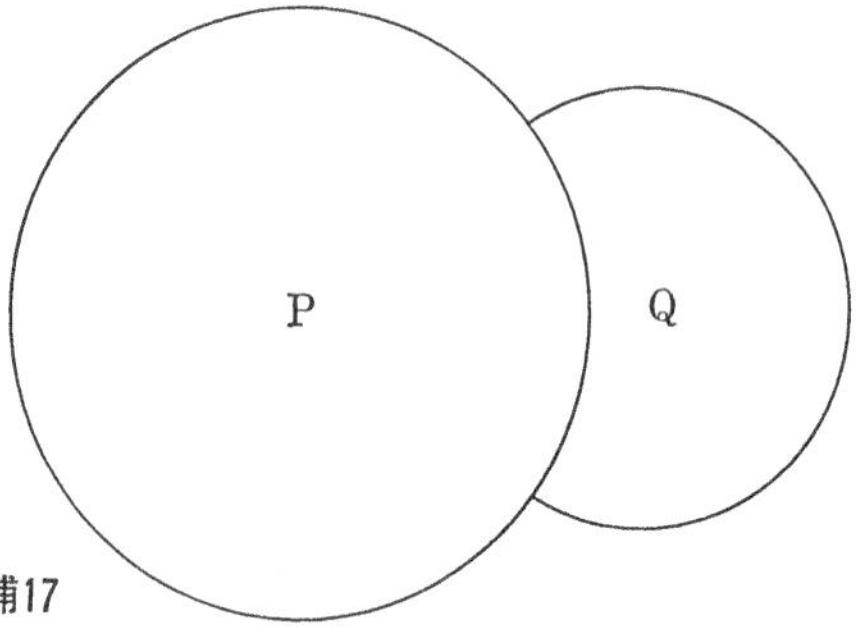

補17

だとする。鏡映でAを北極Nに移した三角形を改めて△ABCとする（補16図）。そうすると∠B, ∠Cの射影∠B′, ∠C′は鋭角だから、補題2により∠B<∠B′, ∠C<∠C′, ゆえに

＊　$A+B+C<A+B'+C'=\pi$

(ii)　△ABCの内角がすべて鋭角のときも、補題により＊式が成立する。

三角形の面積

△ABCでは$A+B+C<\pi$ であることが証明できているので△ABCの面積は、$\pi-(A+B+C)$ という値で定義してしまう。ちょっと奇妙だと思われるかも知れないが、面積というものは定義する、というのが数学では一番簡単な考え方なのである。ただしもちろん無方針で定義するものではない。面積とは

(i)　図形P、Q、R等各々に一つずつ決まった正の数で、合同の図形では同じ値をもち、

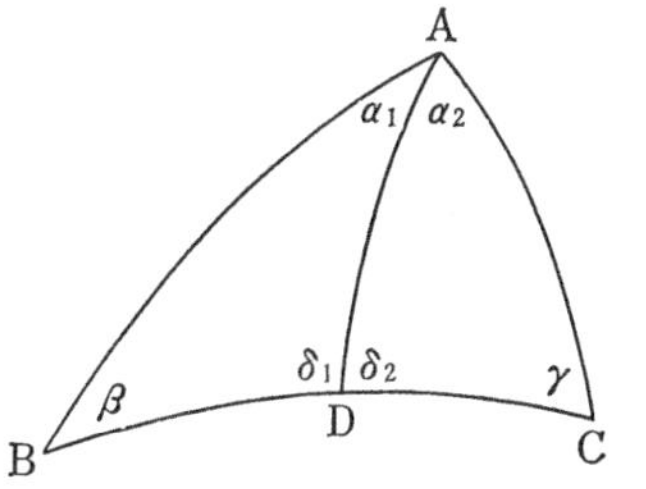

補18

(ii)　図形P、Qが境界でだけ共通点をもつならP∪Qの面積はP、Q各々の面積の和に等しい（補17図）。

(iii)　一つの特定な図形（例えば与えられた一つの三角形）の面積は1とする。

右の三条件を充《み》たすものを面積ときめようと約束するわけである。

そこで「△ABCの面積は$\pi-(A+B+C)$である」ときめても、(i)、(ii)、(iii)の条件を充たさなくては面積にならないから、その証明がいる。

例えば補18図は△ABD、△ADCが境界（の一部）ADを共有しているから、各三角形の面積の和が△ABCの面積になっていないと困る。しかしこの場合には図で

△ABDの面積$=\pi-(\alpha_1+\beta+\delta_1)$

△ADCの面積$=\pi-(\alpha_2+\delta_2+\gamma)$

△ABCの面積$=\pi-((\alpha_1+\alpha_2)+\beta+\gamma)$　（$\because$　$\delta_1+\delta_2=\pi$）

となって(ii)の条件は充たしている。こういうようにし

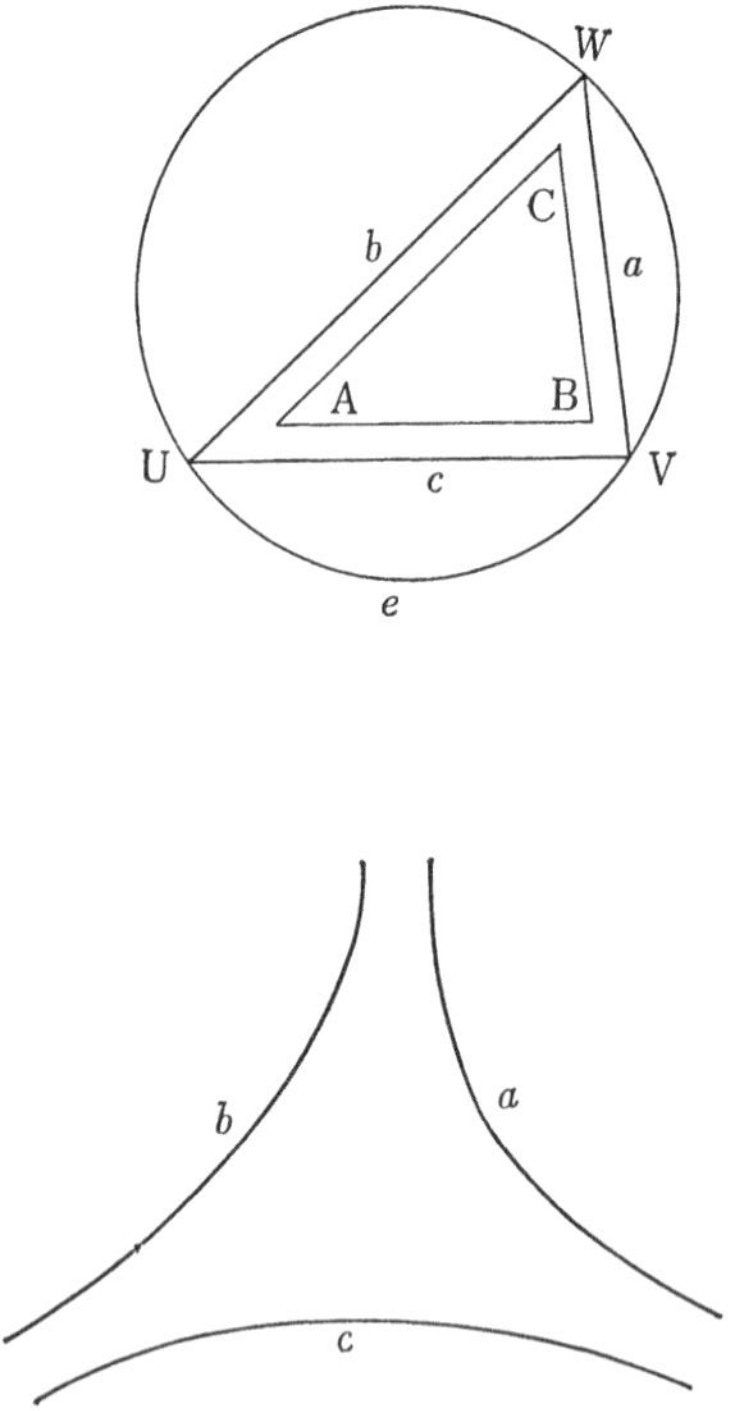

補19

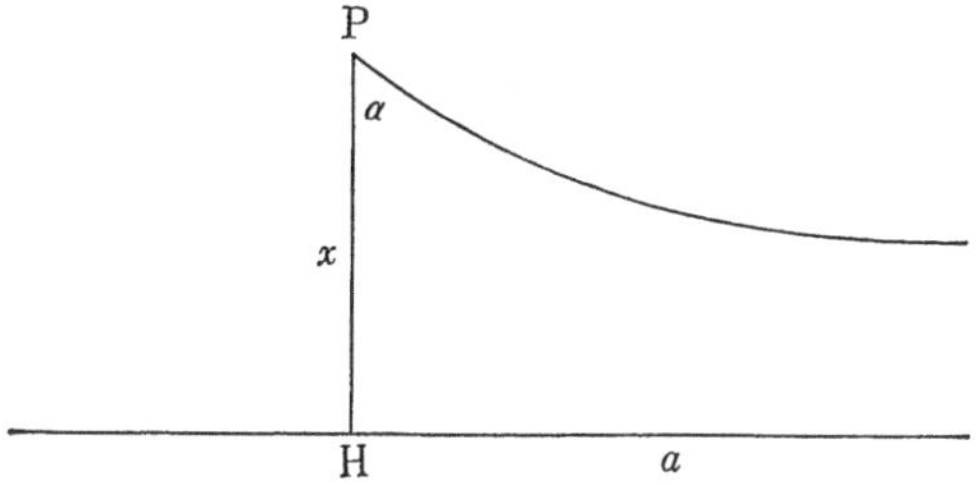

補20

て、一般に「三角形をどのように三角形に分割しても、細分三角形の面積の和は元の三角形の面積になる」ことが証明できる。

そして一般に多角形Pの面積を、Pを三角形に細分したときの細分三角形の面積の和で定義する。こうして定義した多角形の面積が(i)、(ii)、(iii)を充たすことを証明するといいのであるが、別にむずかしくはないが本書の程度をややや超えるので割愛する。

おもしろいことにすべての図形に面積が定義できるわけではなく、面積のない図形も存在する。

曲がった図形の面積は通常、積分を用いて計算する。

なお$\boldsymbol{S}_+$をπ平面に射影したモデルでいえば（補19図）、円e上の三点（無限遠点）U、V、Wを頂点とする三角形は非ユークリッド平面で描くと三本の平行線a、b、cになるわけで、大ざっぱにいうと頂角が0の三角形である。したがって面積はπだからU、V、WにごくA、B、Cを頂点とする△ABCは内角の和がいくらでも小さく、

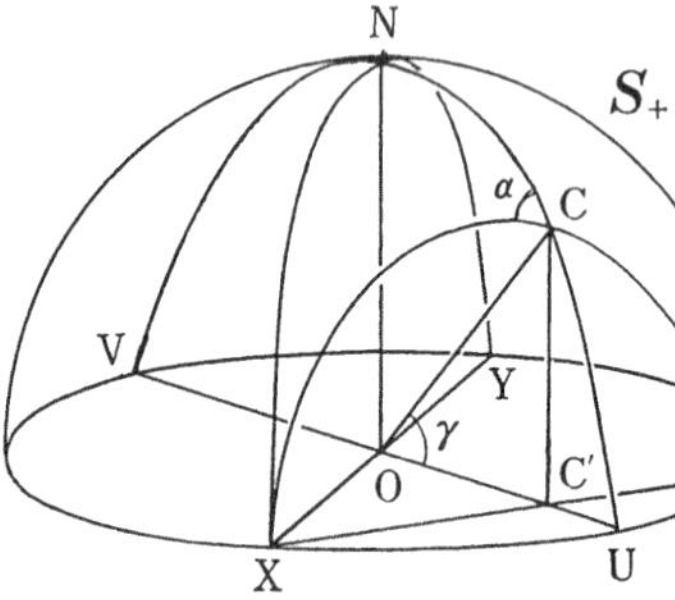

補21A

面積はいくらでもπに近くできるが、ちょうど面積がπになるような三角形というものはない。（97～98ページ、ガウスの手紙参照）

補講6　平行線角の計算

（199ページ）

直線a上にない点Pからこれに垂線PHを下ろしたとき、Pからaへの平行線とPH＝xとのなす角α（補20図）をロバチェフスキーは平行線角と名づけ、これを

$$\alpha = \Pi(x)$$

で表した（本書では$\theta(x)$とも書いた）。すると

$$\tan\frac{\Pi(x)}{2} = e^{-\frac{x}{k}}$$

になる、というのがロバチェフスキー、ボヤイの重要な定理である（136ページ）。これを我々のモデルで求めてみ

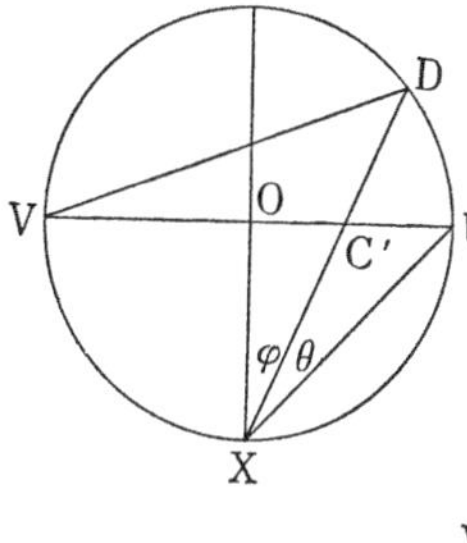

補22

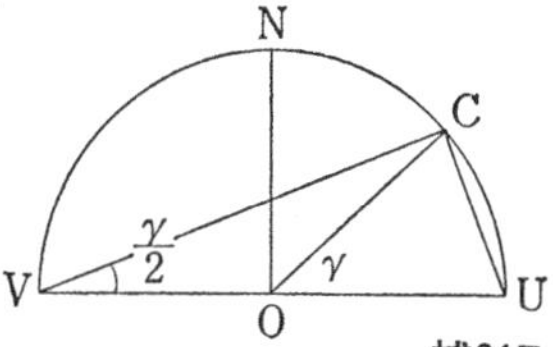

補21B

よう。

直線（XY）,（UV）は北極Nで直交しているものとし、直線（XD）は（VU）上の点Cを通って（XY）に平行な直線としよう。補21A、B図からわかるように、∠UOC$=\gamma$とおけば、∠UVC$=\gamma/2$およびNU=NVだから、$\overline{\mathrm{NC}}=x$とおくと

(1)　$x=\overline{\mathrm{NC}}=k\log\frac{\mathrm{NU}}{\mathrm{CU}}\cdot\frac{\mathrm{CV}}{\mathrm{NV}}=k\log\frac{\mathrm{CV}}{\mathrm{CU}}=k\log\cot\frac{\gamma}{2}$

またXU=XVだから平行線角αは角の公式（222ページ＊）から

$$\tan\frac{\alpha}{2}=\sqrt{\frac{\mathrm{DU}}{\mathrm{XU}}\cdot\frac{\mathrm{XV}}{\mathrm{DV}}}=\sqrt{\frac{\mathrm{DU}}{\mathrm{DV}}}\quad\therefore\quad\tan^2\frac{\alpha}{2}=\frac{\mathrm{DU}}{\mathrm{DV}}$$

Cから平面πに垂線CC′を下ろすとC′は線分UV, XDの交点になるから

$$\mathrm{OC}'=\cos\gamma$$

になるが、π平面上だけの図を別に描くと（補22図）

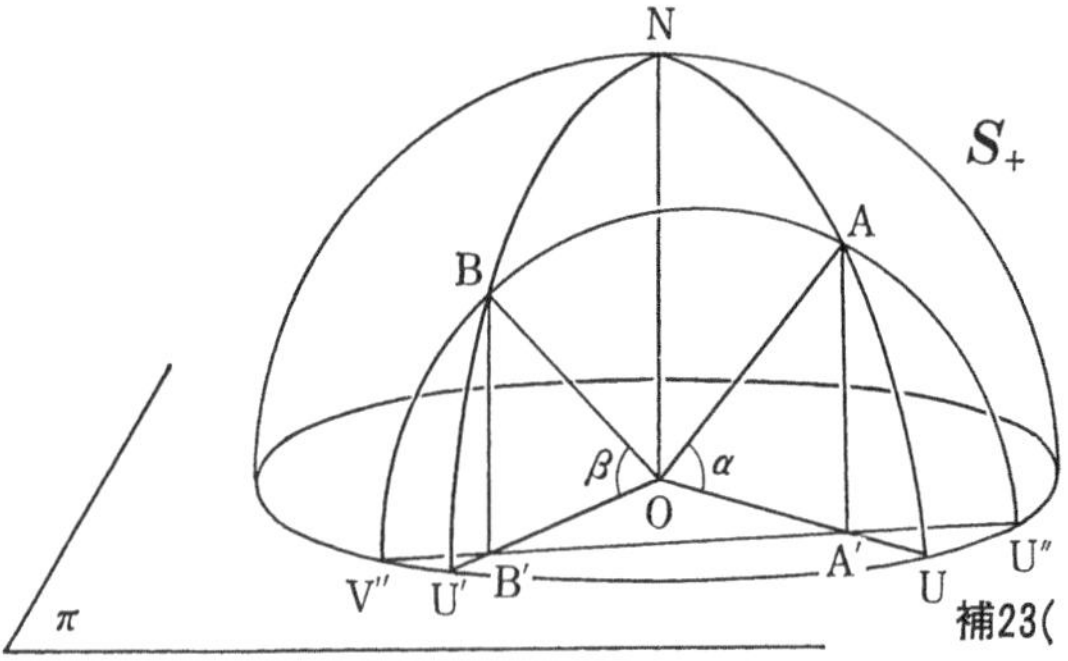

補23(ⅰ)

$\tan\theta = \dfrac{\mathrm{DU}}{\mathrm{DV}} = \tan^2\dfrac{\alpha}{2}$ となって、図から

$$\mathrm{OC}' = \tan\varphi = \tan\left(\frac{\pi}{4} - \theta\right) = \frac{1-\tan\theta}{1+\tan\theta} = \frac{1-\tan^2\dfrac{\alpha}{2}}{1+\tan^2\dfrac{\alpha}{2}}$$

$$= \cos^2\frac{\alpha}{2} - \sin^2\frac{\alpha}{2} = \cos\alpha$$

$$\therefore \quad \cos\gamma = \mathrm{OC}' = \cos\alpha$$

(2)　$\alpha = \gamma$　即ち

「平行線角αはOCがOUとなす角γに等しい」という、「思いがけない関係」がわかる。これを(1)に入れると

$$x = k\log\cot\frac{\alpha}{2} \quad \therefore \quad e^{\frac{x}{k}} = \cot\frac{\alpha}{2}$$

$$\therefore \quad \tan\frac{\Pi(x)}{2} = e^{-\frac{x}{k}}$$

これがロバチェフスキー、ボヤイの定理だった。

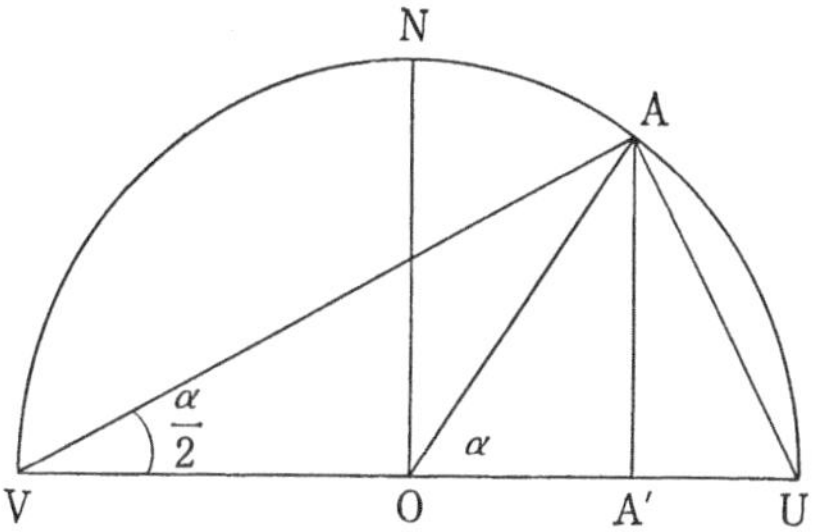

補23(ii)

補講7　直角三角形の三辺間の関係

双曲線幾何でピタゴラスの定理に対応する直角三角形の三辺の間の関係を出してみよう。

線分ABの長さはA、BをVUに射影したA′、B′を用いても計算できることは補講3の最後（220ページ(1)）を見ればわかる。それには次の等式を使えばよいのである。

$$\frac{AU}{BU}\cdot\frac{BV}{AV}=\sqrt{\frac{A'U}{B'U}\cdot\frac{B'V}{A'V}}$$　または

$$(AB, UV)=\sqrt{(A'B', UV)}$$

そこで今Nで直交する直線（VU）,（V′U′）と、これらとA、Bで交わる直線（V″U″）をとり、A、Bから平面πに垂線AA′, BB′を下ろすと、A′、B′、U″、V″は一直線上

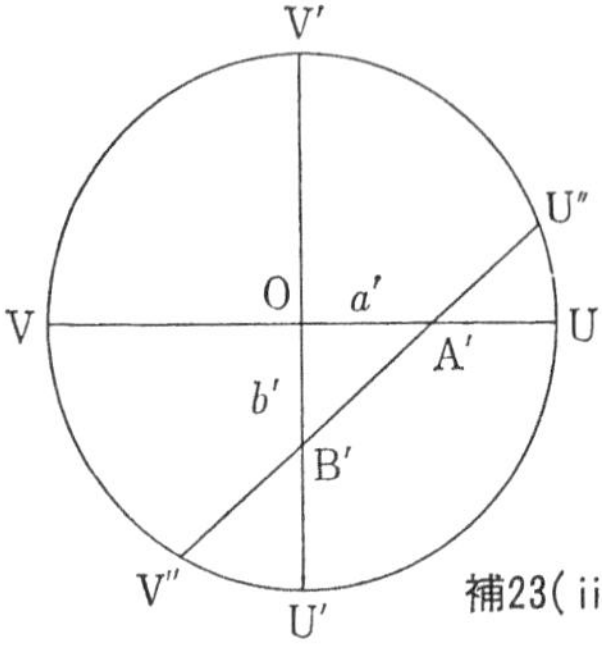

補23(iii)

に並ぶ（補23(i)図）。また∠UOA＝α、∠U′OB＝βとおけば、直角三角形△NABで辺NA、NBの長さ$\overline{\mathrm{NA}}$、$\overline{\mathrm{NB}}$は、NU＝NV＝NU′＝NV′を考慮すると

$$\overline{\mathrm{NA}}=k\log\left(\frac{\mathrm{NU}}{\mathrm{AU}}\cdot\frac{\mathrm{AV}}{\mathrm{NV}}\right)=k\log\frac{\mathrm{AV}}{\mathrm{AU}}=k\log\cot\frac{\alpha}{2}$$

$$\overline{\mathrm{NB}}=k\log\left(\frac{\mathrm{NU'}}{\mathrm{BU'}}\cdot\frac{\mathrm{BV'}}{\mathrm{NV'}}\right)=k\log\frac{\mathrm{BV'}}{\mathrm{BU'}}=k\log\cot\frac{\beta}{2}$$

ABの長さ$\overline{\mathrm{AB}}$はA′、B′を用いると

$$\overline{\mathrm{AB}}=k\log\left(\frac{\mathrm{AU''}}{\mathrm{BU''}}\cdot\frac{\mathrm{BV''}}{\mathrm{AV''}}\right)=k\log\sqrt{\frac{\mathrm{A'U''}}{\mathrm{B'U''}}\cdot\frac{\mathrm{B'V''}}{\mathrm{A'V''}}}$$

となるから、根号の中の複比を計算しなくてはならない。

そこでπ平面上の問題になるから補23(iii)図はπ平面をxy平面であると見立てたものだとすると、A′、B′の座標は

$$\mathrm{A'}(\cos\alpha,0),\ \mathrm{B'}(0,\cos\beta)$$

円の式は

$$x^2+y^2-1=0$$

だから、直線A′B′と円との交点がU″、V″になり、四点

A′、B′、U″、V″の複比を求めることになる。

しばらく簡単のため$\cos\alpha=p$, $\cos\beta=q$とおけばA′$(p,\ 0)$, B′$(0, q)$ を通る直線上の点はtをパラメータとして

$$x=pt,\quad y-q=-qt$$

と書ける。これを円の式に代入すると

$$p^2t^2+q^2(1-t)^2-1=0$$

$$\therefore\quad (p^2+q^2)t^2-2q^2t+q^2-1=0 \qquad (*)$$

この根をt_1、t_2とすれば、A′、B′、U″、V″の座標は直線A′∪B′上では$t=1, 0, t_1, t_2$となるから四点の複比は

$$\frac{\mathrm{A'U''}}{\mathrm{B'U''}}\cdot\frac{\mathrm{B'V''}}{\mathrm{A'V''}}=\frac{t_1-1}{t_1-0}\cdot\frac{t_2-0}{t_2-1}=\frac{t_1t_2-t_2}{t_1t_2-t_1}$$

（＊）から

$$t_1,\ t_2=\frac{q^2\pm\sqrt{q^4-(p^2+q^2)(q^2-1)}}{p^2+q^2}$$

$$=\frac{q^2\pm\sqrt{p^2+q^2-p^2q^2}}{p^2+q^2}$$

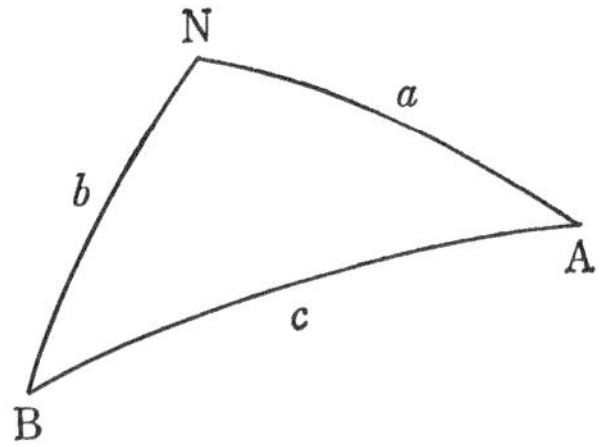

補24

$$t_1 t_2 = \frac{q^2-1}{p^2+q^2}$$

だから、これを上の複比の式に入れると

$$\frac{\mathrm{A'U''}}{\mathrm{B'U''}}\cdot\frac{\mathrm{B'V''}}{\mathrm{A'V''}} = \frac{-1+\sqrt{p^2+q^2-p^2q^2}}{-1-\sqrt{p^2+q^2-p^2q^2}}$$

$$= \frac{\left(1-\sqrt{p^2+q^2-p^2q^2}\right)^2}{1-\left(p^2+q^2-p^2q^2\right)}$$

ここで$p=\cos\alpha$, $q=\cos\beta$と戻し$\overline{\mathrm{AB}}$の式に入れれば

$$\overline{\mathrm{AB}} = k\log\frac{1-\sqrt{1-\sin^2\alpha\sin^2\beta}}{\sin\alpha\sin\beta}$$ これを$=k\log\cot\dfrac{\gamma}{2}$

とおいてみて、$\overline{\mathrm{NA}}$, $\overline{\mathrm{NB}}$, $\overline{\mathrm{AB}}$の式を眺めてみる。この最後の式は

$$\frac{1-\sqrt{1-\sin^2\alpha\sin^2\beta}}{\sin\alpha\sin\beta} = \cot\frac{\gamma}{2}$$

とおいたことになるから、この等式から

$$\cot\frac{\gamma}{2}+\tan\frac{\gamma}{2}$$

の計算をするなりして

$$\sin\alpha\ \sin\beta=\sin\gamma \qquad **$$

がでることは、それこそ紙と鉛筆ですぐわかる。ここで232ページの「思いがけない関係」を思い出していただくと、α、β、γは辺NA, NB, ABの平行線角だったので、$\alpha=\Pi(\overline{NA})$ などと書き直し、さらに$\overline{NA}=a$, $\overline{NB}=b$, $\overline{AB}=c$と書けば（補24図）

「直角を挟む辺がa、b、斜辺がcである直角三角形では

$$\sin\Pi(a)\sin\Pi(b)=\sin\Pi(c)$$

が成り立つ」

という、ロバチェフスキーの公式の一つが得られた。

ロバチェフスキーは、平行線が二本ある、という仮定だ

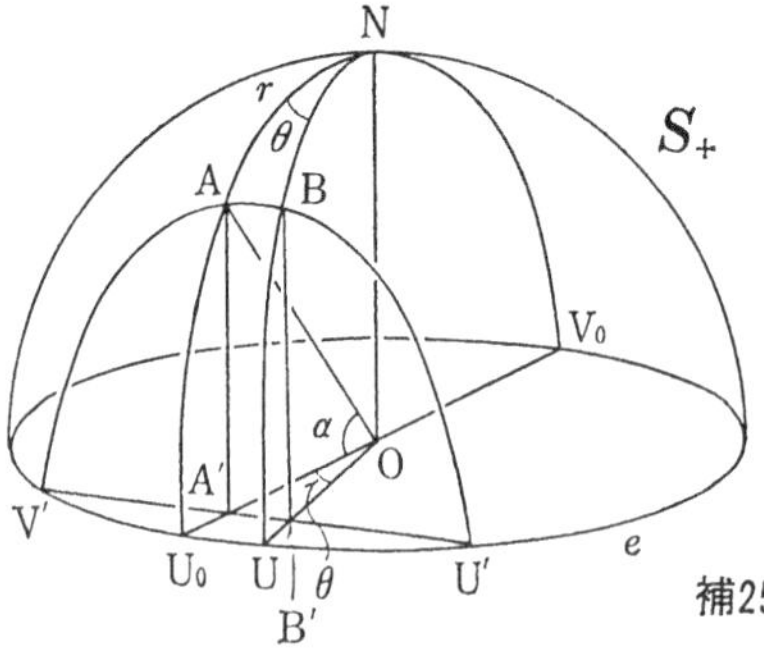

補25(i)

けを使い、ガウスも舌をまくような、ボヤイすら激賞した、冴えた方法を案出して、直角三角形の辺、角の間のすべての関係をあっさり出している。ここではモデルを使えばこんなこともできる、という、モデルの威力を示すささやかなデモンストレーションをやったまでで、しかしその中でも「思いがけない関係」が見つかったような、さらに第二、第三の「思いもよらない関係」があるかないか、読者に是非研究していただきたいものである。

補講8　曲面S_+上の微分幾何と円周の長さ

S_+上の曲線の長さ、特に半径rの円周の長さを求めてみよう。

補25図のように北極Nと、Nからrの距離にある点Aとを通る直線を(V_0U_0)とする。ただしAは半直線(NU_0)

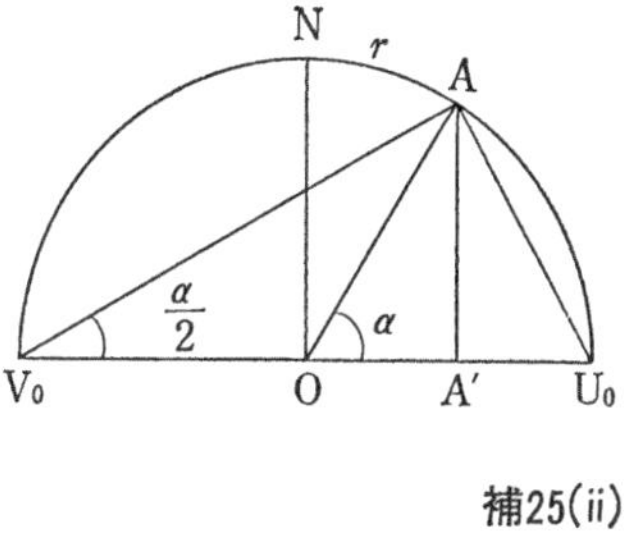

補25(ii)

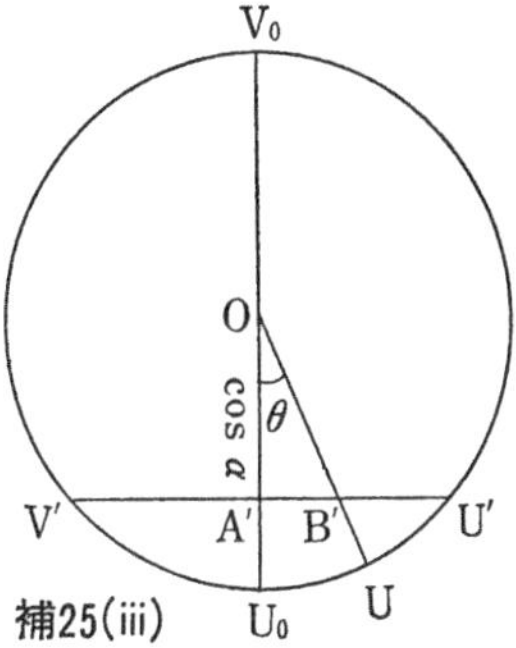

補25(iii)

上にあるものとする。次にAからπ平面への射影をA′とし、$\angle U_0OA=\alpha$ とおけば、$r=\overline{NA}$は

(1)　$r=\overline{NA}=k\log(NA, U_0V_0)=k\log\left(\dfrac{NU_0}{AU_0}\cdot\dfrac{AV_0}{NV_0}\right)$

$=k\log\dfrac{AV_0}{AU_0}=k\log\cot\dfrac{\alpha}{2}$

次にAにおいて(V_0U_0)と直交する直線$(V'U')$を引き、その上に一点Bをとり、N、Bを通る直線と(V_0U_0)とのなす角をθとする。Bのπへの射影をB′とすれば$\angle U_0OB'=\theta$でもあるから、

$A'B'=OA'\tan\theta=\cos\alpha\ \tan\theta$

さて補講3の(1)式(220ページ)同様(補25(i)(ii)(iii)図)

$(AB,\ U'V')^2=\left(\dfrac{AU'}{BU'}\cdot\dfrac{BV'}{AV'}\right)^2=\dfrac{BV'^2}{BU'^2}=\dfrac{V'B'\cdot V'U'}{B'U'\cdot V'U'}$

$=\dfrac{V'B'}{B'U'}$

だから、$V'A'=\sin\alpha$になることに注意すると

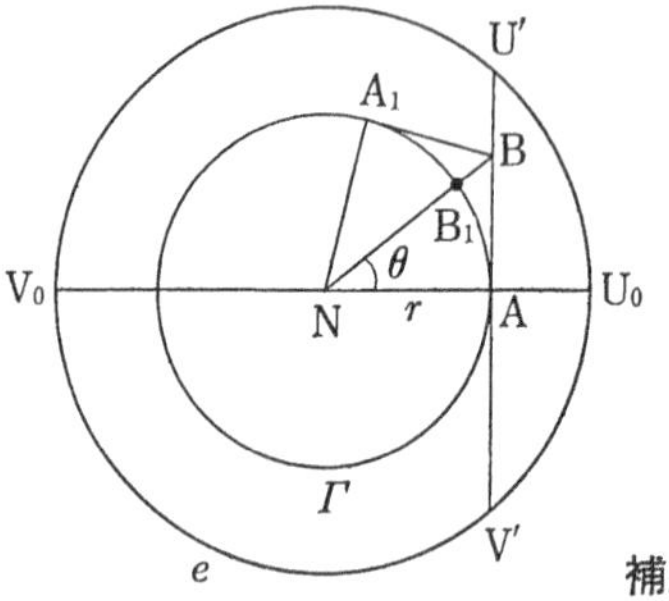

補26

$$\overline{\mathrm{AB}}=k\log(\mathrm{AB},\ \mathrm{U'V'})=\frac{k}{2}\log(\mathrm{AB},\ \mathrm{U'V'})^2$$
$$=\frac{k}{2}\log\frac{\mathrm{V'B'}}{\mathrm{B'U'}}=\frac{k}{2}\log\frac{\mathrm{V'A'}+\mathrm{A'B'}}{\mathrm{A'U'}-\mathrm{A'B'}}$$
$$=\frac{k}{2}\log\frac{\sin\alpha+\cos\alpha\tan\theta}{\sin\alpha-\cos\alpha\tan\theta}$$

そこでBを（V′U′）上で限りなくA点に近づけると、$\overline{\mathrm{AB}}/\theta$の極限は、微分の定義から

(2)
$$\lim_{\theta\to0}\frac{\overline{\mathrm{AB}}}{\theta}=\left[\frac{d\overline{\mathrm{AB}}}{d\theta}\right]_{\theta=0}$$
$$=\frac{k}{2}\left[\frac{1}{\sin\alpha+\cos\alpha\tan\theta}\frac{\cos\alpha}{\cos^2\theta}+\frac{1}{\sin\alpha-\cos\alpha\tan\theta}\frac{\cos\alpha}{\cos^2\theta}\right]_{\theta=0}=k\cot\alpha$$

となる。

この幾何学的意味を教科書的でなく、直観的に説明すると、こうである。補26図は$\boldsymbol{S}^+$を上から見た図でΓは中心N、半径rの円とすれば、θが限りなく小さいときは、弧

$\overset{\frown}{AA_1}$は限りなく小さくかつ$\overline{AB}+\overline{BA_1}$に限りなく等しく、その半分の$\overset{\frown}{AB_1}$は$\overline{AB}$に限りなく等しい。限りなく小さいことを微分小といい、dで表し、$d\overline{AB_1}=ds_1$と書けば(2)は直観的に

(3)　$ds_1 = d\overline{AB} = k\cot\alpha\, d\theta$

と書ける。いままでAは（NU_0）上の点としたけれどもAは円周Γ上のどの点であっても、したがってθが0に近いところでないときでも上の極限式は成り立つことが図のようにわかるから、（$d\theta$はθが限りなくわずか増えた量と考える。ds_1も同じ）無限小のds_1をΓ上で全部加えたもの、即ち円周Γの長さLは、積分の形で書いて

(4)　$L=\int_0^L ds_1 = \int_0^{2\pi} k\cot\alpha\, d\theta = 2\pi\cdot k\cot\alpha$

この$\cot\alpha$を半径rで表すには(1)から

$$e^{\frac{r}{k}} = \cot\frac{\alpha}{2}$$

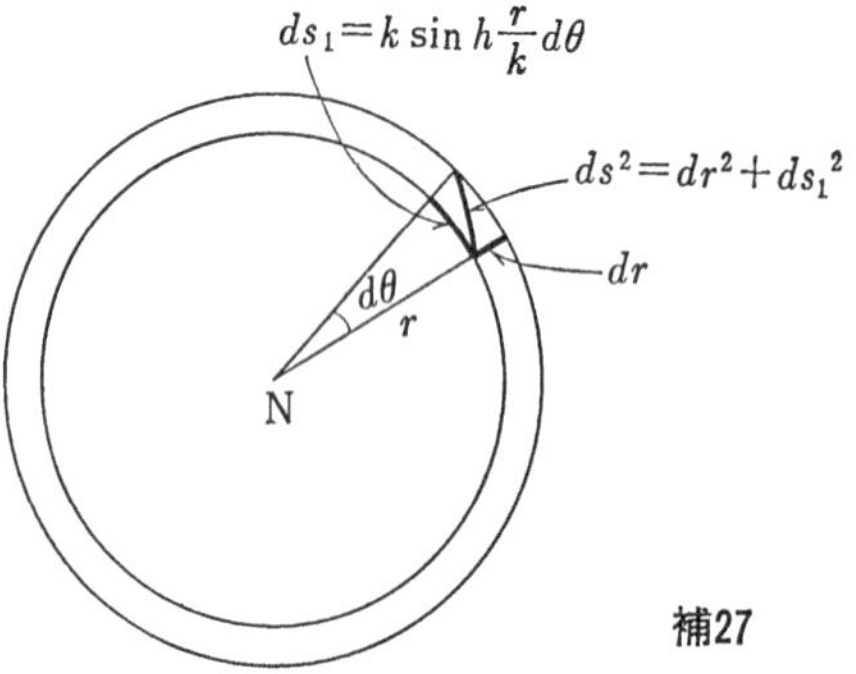

補27

$$\therefore \quad \cot\alpha = \frac{\cos\alpha}{\sin\alpha} = \frac{\cos^2\frac{\alpha}{2} - \sin^2\frac{\alpha}{2}}{2\sin\frac{\alpha}{2}\cos\frac{\alpha}{2}} = \frac{1}{2}\left(\cot\frac{\alpha}{2} - \tan\frac{\alpha}{2}\right)$$
$$= \frac{1}{2}\left(e^{\frac{r}{k}} - e^{-\frac{r}{k}}\right)$$

$\sin x = \frac{1}{2}\left(e^{ix} - e^{-ix}\right)$というオイラーの関係があるので、これに似た形の$\frac{1}{2}\left(e^{x} - e^{-x}\right)$を$\sinh x$と書くことがある。そうすると右式は

(5)　$\cot\alpha = \frac{1}{2}\left(e^{\frac{r}{k}} - e^{-\frac{r}{k}}\right) = \sinh\frac{r}{k}$

と書ける。よって円周の長さLは(4)から

(6)　$L = 2\pi k \sinh\frac{r}{k} = \pi k\left(e^{\frac{r}{k}} - e^{-\frac{r}{k}}\right)$

なおガウスの表し方を使うと、$\boldsymbol{S}_+$上の曲線の微分小dsは、無限小の場所ではピタゴラスの定理が成り立つものと

考えて、

$$(7)\quad ds^2 = dr^2 + ds_1^2 = dr^2 + k^2 \sinh^2 \frac{r}{k}\, d\theta^2$$

で表せる（補27図）。ただし、ds^2は$(ds)^2$、他も同様。

⑺の形の式はガウスの曲面論で初めて導入されたものだが、ガウスの場合はユークリッド空間に普通に入っている曲面についての曲面論だから、我々が今まで$\boldsymbol{S}_+$上で考えてきたような、風変わりの長さではなかった。$\boldsymbol{S}_+$のように、姿はユークリッド空間に入っていても長さが普通の長さでないようなものは、リーマンが初めて抽象的に導入したので、このような微分的な長さの入っている幾何をリーマン幾何という。

上で求めた$\boldsymbol{S}_+$上の円周の長さは前に話したようにガウスの手紙には出ているが、どうやって求めたのかはわかっていない。

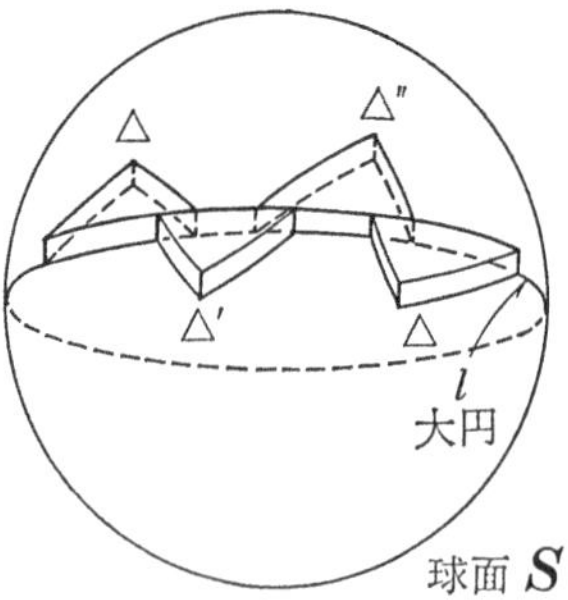

補28

補講9　ガラスの塊三個を磨り合わせて平面が作れるか

（38、54ページ）

38ページでガラスの塊二個を根気よく磨り合わせていくと（二個の間には研磨砂を入れるのだが）、球面ができていくが、三個使えば平面ができる、というような話をしたが、本当に平面ができるのだろうか。54ページではこれとちょうど同じことを球面上でやる話がでている。ここでは上図のように球面にピッタリついた三個のガラス定規△、△′、△″を磨り合わせると、球面上ではまったく直線的なまっすぐな線ができるのだが、球面の外から見ると、何のことはない、大円と称する、有限の大きさの円にすぎない。

これと同様なことが、あるいは我々の空間でも起こっているのではあるまいか。三個のガラス板を二つずつどう磨り合わせてもピッタリつくにはついても、これから果たして正真正銘の無限に広がった平面が作れるのだろうか。我々が非の打ちどころのない平面だと思っているこの平面が外の空間から眺めると実は球面だった、ということはないか。

この「外の空間」というのが我々の思考範囲を一段と広くする。普通の球面の「外の空間」とは我々の住んでいる三次空間E^3のことで、球面とは球体B^3の表面、ユークリッドの言葉を使うとB^3の境界S^2であって、次元からいえば二次元の世界である。そこでもしも我々が住む三次空間の「外に」四次元の空間E^4があり、その中の有限な場所に四次元の物体B^4があり、その表面になっている三次元図形S^3が実は我々の空間だったとしたらどうだろう。二次元球面上でまっすぐだ、まっすぐだ、と騒いでいた大円がE^3から見れば何のことはない、ただの円であったと同様、三次元球面S^3で平面だ、平面だと信じ込んでいたものがE^4から見れば実は球面S^2にすぎないことになってしまう。これは三次元を四次元といいかえ、二次元を三次元といいかえて、ただの数字の遊びをしているのではない。四個の実数の組 (x_1, x_2, x_3, x_4) を点と名づけ、これらすべての点の集合を四次元空間 E_4 と名づけ、E^4 の中の三次元的球面 S^3 を

$$x_1^2 + x_2^2 + x_3^2 + x_4^2 = r^2$$

で定義して議論をすると、四次元空間の中に、リーマン的の非ユークリッド的立体幾何が数学的には立派につくれる。これが実は現実の空間であり、幾何であるかも知れないのである。

現実の空間がどんなものであるかなど、人間にはなかなかわかりそうもないが、人が発見した数学という、極めて簡単な精密な武器を基にして、幾分でも自然現象の解明を心がけるというのは、我々人間の一つの大きな生き甲斐ではないだろうか。

あとがき

今までに何回となく雑誌などに載せたり、書物に書いたことを、ごく気軽に書いたうえ、歴史めいたことまで多少いれてみた。

非ユークリッド幾何の発見というのは数学史上に起こった稀有の大事件だが、この大ロマンスの片鱗だけでもわかっていただけたら幸いである。もっとくわしいことを知りたいと思う読者のために二、三の参考書をあげてみると、ガウスの伝記だけとしては(1)がおもしろい、またくわしい。本文で「悲運な父子」と形容した老、若ボヤイについては(誠に残念なことにドイツ語で書かれているので申しわけないが)、シュテッケルという人の大著(2)に悲話が、父ボヤイの『試論(テンターメン)』付録の独訳と共に、詳細に述べられていて、読む人の胸をうつ。ロバチェフスキーについてはガウス、ボヤイとともに(3)がソ連人の見方もわかって、いいのではないかと思われる。非ユークリッド幾何の思想的な背景については、(4)が知られている。

非ユークリッド幾何の存在だけならば、本書第3部のようなモデルを作ることで問題は解決したわけだが、非ユークリッド幾何の内容的な深い研究はいままで余りなされていない。それは非ユークリッド幾何が、アインシュタインの一般相対性原理が一九一六年に出てから、やっと初めてその実際の価値が認められるようになったからである。この未知の領域を開拓するには、夢と勇気と力（数学を自由にあやつる技術）の三拍子が揃った天才が要ると思われるが、この三つは若い人だけが持つ特権である。

本書が特に若い方々に何等かのお役に立つことを心から希望する。

終わりに本書の出版に当たって万端、お世話になった講談社の末武親一郎氏、柳田和哉氏に厚く感謝する。

五月十三日　　寺阪英孝

参考文献

(1)　ダニングトン著、銀林浩・小島穀男・田中勇訳『ガウスの生涯』（東京図書　一九七六年）
(2)　P. Stäckel: "Wolfgang und Johann Bolyai" (Teubner, 1913)
(3)　リワノワ著、松野武訳『ロバチェフスキーの世界』（東京図書　一九七五年）
(4)　近藤洋逸『新幾何学思想史』（三一書房　一九六六年）
次にあげる(5)は本書の基になった文献で、これを執筆最中に、全く開放されたような気分で、本書を書き上げたものである。(5)のⅠ（上巻）では、特にロバチェフスキー、J・ボヤイ両名の非ユークリッド幾何の論文を念入りに訳しておいたので、何かの折に御参考になるかと思って、改めて参考文献に附け加えることとした。

一九八五年八月

寺阪英孝

(5) 寺阪英孝『19世紀の数学　幾何学Ⅰ、Ⅱ』数学の歴史Ⅷa、b（共立出版　一九八一、八二年）

新装版に寄せて

ユークリッド幾何学と非ユークリッド幾何学

「学問（幾何学）に王道なし」という名言を遺した人物は、古代ギリシャのユークリッド（紀元前三三三？―紀元前二七五？）だと言われている。ユークリッドが個人指導をしていたエジプト王プトレマイオス一世に、「早く幾何学をマスターする方法はないのか？」と尋ねられた際に、この名言を放ったのだそうだ。そのユークリッドが書いた『原論』では、初めに、使用する言葉を定義し、皆が当然と認めてもよいと思えるであろう幾つかの命題（前提事項）を公理、それに準ずるものを公準として定め、新たにある命題が正しいということを証明するためには、〝定義・公理・公準と、それ以前に証明済みの命題だけを使って矛盾のない説明手続きを踏まなくてはならない〟という厳密にして明確で論理的なスタイルが貫かれている。

このような点から、『原論』は、数学の分野に限らず、欧米の学問全体にも大きな影響を持ち続け、例えば、米国のリンカーン第十六代大統領がまだ弁護士をしていた四十歳の頃、自身の論証力を鍛え直そうとして『原論』をジックリ読んで勉強したという逸話もあるほどだ。

このように万全な論理体系とされてきた『原論』だが、その一ヵ所に一七〇〇年頃から、疑義を抱く人々が出てきた。すなわち、『原論』の五番目の公準とされている通称〝平行線の公理〟

が実は、〝誰もが当然のこととして証明なしで正しいと認めてよい〟ものではないのではないのかという疑義だ。この扱いをめぐって、数学者達は、本書（52ページ）で書かれているように、〝公理主義派〟〝確信派〟〝懐疑派〟の三派に分かれた。それどころか、懐疑派の中には、「Pを通りlと平行な直線が二本引ける、ユークリッド幾何学とは異なる幾何学体系を考えることができるんじゃないか」という、当時は相当過激な思考の持ち主と思われたであろう数学者まで現れる始末だった。その〝過激な思考の持ち主〟と呼ぶべき人達が、〝非ユークリッド幾何学〟の創始者たちである。彼らの人物像や時代背景、彼らの思考をドラマチックに紹介するとともに、使用する知識はあくまで中学・高校の幾何学の範囲におさめながらも数学的なステップを着実に踏ませたうえで、非ユークリッド幾何学の一端を提示してみせてくれているのが本書である。

物理学と数学

数学者は、物理学者から、よくこんなことを言われる（言われてきた）。
「数学者は現実を直視することから離れて、n次元だとどうなるとか、1＋1が2ではなく3だったらどうなるとか、そんな現実味のないことを考えたがる。それが何になるというのだ。君達は、自然科学の研究者というよりも、空想家というほうがふさわしいね」

現在、非ユークリッド幾何学の意義を物理学者も認めているが、その価値が認められるようになる前に、もし私が物理学者の友人達に、「平行な線が二本引ける幾何学もあるかもよ」なんていう話をしたら、きっと、「紙の上に実際に直線lと点Pを描いて、Pを通るlの平行線を引こうとしたら、現実に、一本しか引きようがないじゃないか。いやだ、いやだ、数学野郎は」等と言われ、笑われたんじゃないかと思う。

ところが、〝二本引けるかも〟なんていう一握りの数学者のささやかな疑義に端を発して誕生した数学者の空想の世界（非ユークリッド幾何学）が、二十世紀に入って物理の世界で大きな役割を果たした。それは、アインシュタインが遺した言葉「私は非ユークリッド幾何学という幾何学の新たな理論に非常に感謝している。この数学の理論なしで、私が相対性理論を構築することはありえなかっただろう」に表されているように、ニュートンよりさらに広く深く宇宙を理解するために、非ユークリッド幾何学は不可欠だったのだ。これについては非ユークリッド幾何学にも貢献を果たしたリーマン（一八二六—一八六六）が、相対性理論の発見より半世紀も前に、「物理学の研究が、ユークリッド幾何学以外の幾何学を必要とするようになった時に、それまでの先入観から我々を解き放つ力が非ユークリッド幾何学にはある。それこそが非ユークリッド幾何学の真価だ」という先見性ある言葉を遺していることが非常に感慨深く思える。さらに、その相対性理論が、近年の実生活の必需品ともなったGPSで使われている（特殊相対性理論により、猛スピードで地球の周りを回っている人工衛星に載せられている原子時計は地上の時計より早く進むので、その修正を特殊相対性理論を使って行う必要がある。また、人工衛星では地上より重力が小さいので、一般相対性理論を使って重力の影響を補正する必要がある。それらを行わないとGPSは一日に十キロメートルぐらい狂うらしい）ことを考えると、さらに感慨深いものがある。

この先、数学が新たにどんな理論を構築していくのかということも楽しみだが、現時点で、何の意義があるのか全くわかっていない抽象的な数学の理論が、物理や化学、生物学等の他分野の研究が進む過程で、将来、どんな場面でその真価を発揮する時が来るのか非常に楽しみな話だ。

寺阪英孝先生について

実は、本書の著者の寺阪英孝先生と私は、ささやかではあるが、直接的な御縁があった。一九七〇年代の前半の話だが、私が上智大学の大学院生だった頃、寺阪英孝先生が幾何学を教えていた。私は南雲道夫先生のゼミ生で、寺阪先生の授業はとっていなかったのだが、隣の部屋で開かれている寺阪ゼミからは笑い声もよく聞かれ、寺阪ゼミの黒板には、不思議な図が沢山残されていて、なんとなく華やかで楽しそうで羨ましかった。

当時、数学科の大学院生は二、三名しかいなかったので、ゼミが違っても、通学路や廊下等で一緒になると寺阪先生はよく話しかけてくださった。帰り道、四谷の土手を一緒に帰ったことも幾度となくあった。ある時、「先生のゼミは楽しそうでいいですね」と言うと、「君も遊びに来ないか？」とゼミに誘ってくださったことがあった。しかし、自分のゼミに四苦八苦していた当時、恩師への仁義を欠くようにも思えて、他のゼミに顔を出す余裕もなく、今にして思えば非常に残念なのだが、寺阪ゼミに一度も参加したことはなかった。

今回、本稿を書かせていただくことになり、改めて本書を読む機会を得たのだが、読後感は近年ラジオで時々放送されている全盛期の古今亭志ん生師匠の高座を聞いた時のような、ワクワクさせられると同時に温かい気持ちになる本だなぁというものだった。

非ユークリッド幾何学というトピックに対する知的好奇心も大いに満足させられるし、それでいて、大抵の書物ではユークリッド『原論』の公理・公準の話とくると、六法全書をそのまま突きつけられたような、我慢してひとつひとつ辿っていかなければいけない無味乾燥なものという印象なのだが、本書では、老生と称する寺阪先生が読者を想定したA君に向かって、慎み深く、優しく、絵画や天体望遠鏡からシャーロック・ホームズまで話題豊富に語りかける名調子に乗せられて、ワクワクしながら読み進めてしまう。寺阪先生のゼミや講義もこんな感じであったのかなぁと思うと、せっかくの機会を逸したことが益々残念だ。

本書を通して、新たな若い世代の方々が寺阪先生の講義の一端に触れ、寺阪先生を通して非ユークリッド幾何学の世界に触れることができるのは、本当に素晴らしいことだと思う。寺阪先生があとがきに書かれているように、本書が時を超えて、読者、特に若い方々に大いに役立ってくれることを私も同じように願ってやまない。

秋山　仁

N.D.C.414.9　254p　18cm

ブルーバックス　B-1880

非《ひ》ユークリッド幾何《きか》の世界《せかい》　新装版《しんそうばん》

幾何学の原点をさぐる

2014年 8 月20日　第 1 刷発行
2024年 1 月24日　第 4 刷発行

著者　寺阪英孝《てらさかひでたか》
発行者　森田浩章
発行所　株式会社講談社
〒112-8001 東京都文京区音羽2-12-21
電話　出版　03-5395-3524
販売　03-5395-4415
業務　03-5395-3615
印刷所　(本文表紙印刷) 株式会社ＫＰＳプロダクツ
(カバー印刷) 信毎書籍印刷株式会社
製本所　株式会社ＫＰＳプロダクツ

定価はカバーに表示してあります。

ISBN978-4-06-257880-6

発刊のことば

科学をあなたのポケットに

二十世紀最大の特色は、それが科学時代であるということです。科学は日に日に進歩を続け、止まるところを知りません。ひと昔前の夢物語もどんどん現実化しており、今やわれわれの生活のすべてが、科学によってゆり動かされているといっても過言ではないでしょう。

そのような背景を考えれば、学者や学生はもちろん、産業人も、セールスマンも、ジャーナリストも、家庭の主婦も、みんなが科学を知らなければ、時代の流れに逆らうことになるでしょう。

ブルーバックス発刊の意義と必然性はそこにあります。このシリーズは、読む人に科学的に物を考える習慣と、科学的に物を見る目を養っていただくことを最大の目標にしています。そのためには、単に原理や法則の解説に終始するのではなくて、政治や経済など、社会科学や人文科学にも関連させて、広い視野から問題を追究していきます。科学はむずかしいという先入観を改める表現と構成、それも類書にないブルーバックスの特色であると信じます。

一九六三年九月　　野間省一